無人防衛

～ディフェンステクノロジーの最前線～

日経クロステック／日経エレクトロニクス編集委員　内田 泰

日経BP

はじめに

2022年2月24日、ロシアがウクライナ侵攻を開始したというニュースに目を疑った読者は多いだろう。まさか国連安全保障理事会の常任理事国に名を連ねる国が、国際法を無視して主権国家を侵略するなんて……。“平和ボケ”の筆者もその一人だった。

この出来事は、それまであまり現実に起こり得ると捉えていなかった、中国が台湾の統一に向けて軍事力を行使する、いわゆる「台湾有事」に対する見方をがらりと変えた。これは決して起こってほしくない、起きてはいけない事態だが、「武力行使も辞さない」と、他国に対して強硬姿勢を貫く指導者の体制の下では、何が起きても不思議ではない。

筆者は安全保障の専門家ではないし、最新鋭の戦闘機やミサイル、戦車などの兵器に精通した軍事ジャーナリストでもない。入社以来、主にエレクトロニクスなどの先端技術を取材・執筆してきた技術ジャーナリストである。つい最近まで、そんな自分が「防衛」を主題とする本書を執筆するとは思いもよらなかったが、一方で、必然のような気もしている。

安全保障分野に、産業界のDX（デジタルトランスフォーメーション）のような大きな変革の波が訪れているからである。従来、防衛は、主に民間の技術開発を取材対象としてきた我々にとって特殊な世界だった。市場は限定され、技術開発も機密性が高いため意図的に距離を置いてきた部分もある。

しかし、状況は大きく変わった。今や戦場では、筆者がよく取材するドローンに加え、衛星インターネット通信といった宇宙技術が不可欠な存在になっていることが、ウクライナ侵攻で明らかになった。軍事用と民間用の技術を区別することはもはや難しく、いかに民間の先端技術を素早く軍事に取り入れるかが優位性を確保するポイントになっている。

防衛は国民の安全を守る土台である。そこに抜け穴があっては相手につけ込まれる。ウクライナがロシアによる侵攻を許したのは、防衛体制が脆弱だったからだと指摘する専門家も多い。

日本政府は2022年12月、「国家安全保障戦略」など安保関連3文書を改定した。「我が国は戦後最も厳しく複雑な安全保障環境に直面している」と分析し、防衛力を抜本的に強化すると宣言した。日本の防衛体制は、全くといっていいほど、ドローン、サイバー、宇宙などの技術を駆使した新しい戦い方に対応できていない。

「もし、台湾有事が起きれば、ウクライナが経験した攻撃の数倍ぐらい威力のあるものが日本に来ることは間違いない」。サイバー攻撃の実態に詳しい、サイバーディフェンス研究所の名和利男氏（専務理事上級分析官）はこう指摘する。しかし、現状、日本には安全保障分野のサイバーセキュリティーの専門家が非常に少なく、脅威を捉える能力は「例えるなら他国の視力が2.0あるのに、0.01ぐらいしかないのと同じ」（同氏）と危機的な状況にある。

本書には、世界の安全保障や兵器の最新動向についての詳しい解説があるわけではない。あくまで技術ジャーナリストの視点で、安全保障の世界で今起きている変革のトレンド、日本に迫っている最新の脅威、今後の防衛力を大きく左右する「ドローン」「宇宙」「量子」といった先端技術の動向を、一般読者にも分かりやすく解説した。

例えば、第4章で新たな脅威として取り上げた「スウォーム飛行するドローン」「キラー衛星」「極超音速兵器」などは、安全保障分野で非常にホットなテーマで、世界で対策技術の研究開発が活発化している。こうした脅威やそこに使われている技術、さらに対策技術などを網羅的にカバーしている書籍は、手前味噌ながら他にないと自負している。

まず大事なのは眼前の脅威から目をそらさずに「知る」こと。本書がその手助けになればうれしい。そしてもし、新規事業のアイデア想起や、実際の事業化など、ビジネスに少しでもつながるようなことがあれば、幸甚である。

日経クロステック／日経エレクトロニクス編集委員

内田 泰

目次

第1章

迫る台湾有事で準備待ったなし

台湾有事のリスクが高まっている。

2023年8月31日、台湾の国防部（国防省）は、国会に相当する立法院に提出した中国の軍事力に関する2023年版の年次報告書「中共軍力報告書」で、中国の習近平国家主席が第3期目任期末の2027年までに台湾への武力侵攻に踏み切る可能性について強い警戒感を示した。

中国は、台湾統一を「中華民族の偉大な復興を実現する上での必然的要請」と位置づけ、他国をしのぐ勢いで軍事力を強化している。

2023年3月13日に行われた中国の全人代（全国人民代表大会）で習氏は、台湾への武力侵攻については触れなかったものの、「外部からの干渉と台湾独立の分裂活動に断固反対する。祖国統一のプロセスを揺るぎなく推進しなければならない」と述べた。

中国国防相（当時）の李尚福氏は2023年6月4日、シンガポールで開催されたアジア安全保障会議で行った演説で、「台湾は中国にとって核心的利益。台湾統一に関して武力行使の選択肢を排除しない」と強調した。

既に台湾有事の“前哨戦”とも言えるつばぜり合いはリアルでもサイバー空間でも起きている。2022年8月には、米下院議長（当時）のナンシー・ペロシ氏をはじめとする議員たちが党派を超えて台湾を訪問。これを受けて中国は、台湾近海で過去最大の軍事演習を行うとともに、台湾の北東沖と南西沖の海域に弾道ミサイルを発射した。発射した9発のうち、4発が台湾上空を通過したと推定されている。

2023年5月には、中国のサイバースパイグループ「Volt Typhoon（ボルトタイフーン）」がグアムなどの米国インフラをサイバー攻撃するという事件が起きている。米国は対中国を念頭に、2024年12月までに沖縄県に駐留する海兵隊員約4000人以上をグアムに移転する計画を進めており、それに対する“反撃”と考えられている。

台湾有事はもちろん、台湾と中国だけの問題ではなく、米国、日本、韓国など世界の多くの国を巻き込む可能性が高い。そして日本や世界の経済、平和に壊滅的なダメージを与えることが想定されている。中国も侵攻の代償が相当大きいことは十分に承知しているはずで、平和的な統一を一義に置いていることを否定していない。

しかし、ロシアによるウクライナ侵攻が世界に示したのは、主要な先進国間での戦争がこの時代に起こり得るという紛れもない事実である。台湾有事は外交努力によって絶対に避けなくてはならないが、一方で、万一に備えた準備は不可欠だ。

「令和5年版（2023年版）防衛白書」の巻頭で、前防衛大臣の浜田靖一氏は、まず優先されるべきは外交努力であることは言うまでもないとしながら、「同時に、国民の命や暮らしを守り抜くうえでは、『自分の国は自分で守る』ための努力により、抑止力を高めていく、つまり、相手に対して『日本を攻めても目標を達成できない』と思わせることが不可欠です」と記している。

これはウクライナ侵攻の教訓でもある。ロシアが侵攻を決断したのは、ウクライナの抑止力が脆弱だったことが一因だ。

中国国防費は日本の5.5倍

近年の中国の軍事力増強はすさまじいものがある。米国の軍事力評価機関のGlobal Firepower（グローバル・ファイヤーパワー）が実施した2023年の軍事力ランキングで、中国は米国、ロシアに次いで3位だったが、2022年のランキングよりその差を詰めている。

同ランキングは、世界145カ国について各国の軍備や兵力の量、財政状況、地理的条件、利用可能な資源などの要素を考慮している。中国については、利用可能な人的資源と海軍の艦隊の強さで第1位の評価を与えた。

令和5年版防衛白書によれば、中国の2022年の国防費は2012年比で約2.2倍の1兆4505億元（約30兆円）（**図1**）。日本の2022年度の防衛関係予算が約5兆4000億円なので約5.5倍の規模である。さらに中国の近代的な海上戦力は2022年までの10年間で約1.6倍、近代的な航空戦力は約2.2倍、そして核弾頭の数は約1.5倍に増強されているという。

米国防総省（DoD）は2023年10月19日、中国の軍事活動に関する年次報告書「2023 CHINA MILITARY POWER REPORT」を公表した。それによると、DoDは2023年5月時点で中国が500発を超える核弾頭を保有し、2030年にはそれが1000発を超えると予測する。米国のこれまでの予測を上回るペースの増強だという。

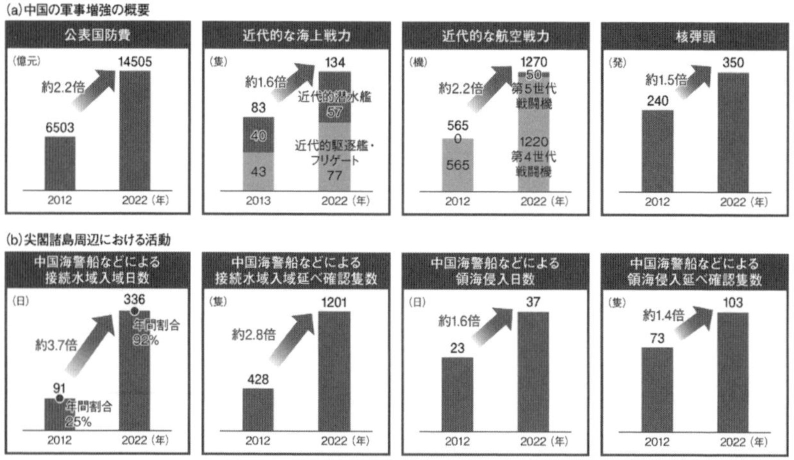

図1　中国の軍事増強の概要と尖閣諸島周辺における活動
中国はこの10年で軍事力を大幅に増強し、同時に尖閣諸島周辺での活動も活発化させている（出所：令和5年版防衛白書）

また、中国海軍については140隻以上の水上戦闘艦を含む370隻以上の戦艦と潜水艦を保有し、「数字上は世界最大の海軍を保有する」(同報告書)としている。

ドローン(無人機)、宇宙、サイバー空間といった安全保障において重要度を増している新領域でも、中国はトップクラスの技術を保有する。例えばサイバー攻撃についてDoDの報告書は、米国のガスパイプラインの稼働を止める能力があると分析している。

サイバー攻撃の実態に詳しい、サイバーディフェンス研究所(東京・千代田)専務理事上級分析官の名和利男氏は、「Volt Typhoonは中国の国家アクター(活動組織)で、『サイバーエスピオナージ』(サイバー空間上で政府機関や企業から機密情報を盗み出す攻撃)を得意としている。2021年半ばから活動を開始し、様々な分野の組織を標的にしている。その能力の進展ぶりには、恐ろしいものがある。日本と比べると、人材の厚みも含め、その能力は比較にならないほど高い」と指摘する。

日米欧との学術連携に紛れ込む

習政権は、経済発展と国防の強化を一体とする「軍民融合」を掲げている。そのカギとなるのが、先端技術を獲得して安全保障分野と民生分野の両面で生かすことである。

米商務省(DoC)は2022年10月、対中国の半導体輸出規制を強化した。具体的には、中国への先端半導体や関連技術の輸出のほか、その製造に必要な装置・技術の輸出を事実上禁止した。産業のみならず、AI(人工知能)を活用した最新の兵器開発に不可欠な先端半導体の中国におけるサプライチェーンを寸断するのが狙いだ。

ただし、中国は先端技術の取り込みに関して、サプライチェーンからは見えない“裏の手”も使っているようだ。例えば、日本経済新聞は2022年6月15日、「中国軍、日米欧と共同先端研究　極超音速など5年473件」と題した分析記事を掲載した。軍事転用が可能な「機微技術」を狙って、中国の人民解放軍の関係者が、日米欧の大学や企業との学術連携に紛れ込んでいる実態が分かってきたという。

具体的には、同紙が国際論文データベースを分析したところ、過去5年間で極超音速ミサイルなど最新兵器への応用の恐れがある合計473件の共著論文が見つかった。これらの論文に名を連ねていたのは、中国軍につながる39の機関や組織であるという。

北朝鮮が極超音速兵器を開発

日本の周辺には中国のみならず、北朝鮮、ロシアという大きな脅威も存在する（**図2**）。令和5年版防衛白書では、北朝鮮の軍事力を「核・ミサイル開発が急速に進展。弾道ミサイルに核兵器を搭載して日本を攻撃する能力も保有しているとみられる」と評した。一方、ロシアについては「核戦力を含む各種装置の近代化を推進し、北方領土および千島列島に新型装備を配備するなど軍備を強化している」とした。

北朝鮮はこの10年でミサイル関連技術を飛躍的に高めている。例えば、発射台付き車両（TEL）や鉄道、潜水艦など様々なプラットフォームからの発射実験に成功している。これはミサイルの発射基地を隠ぺいできることを意味する。

北朝鮮は2013～2022年の10年間で弾道ミサイルなどを151回発射し、そのうち4発が日本上空を通過している。さらに日本などが警戒感を強めているのが、極超音速兵器の開発である。通常の弾道ミサイル向けの迎撃システムでは対処できない可能性がある極超音速兵器が実戦に配備されると、その脅威はさらに増す。

北方領土や千島列島の軍備を強化しているロシアについて、日本が懸念している動きの1つが、中国と軍事面で連携強化の動きを見せていることだ。実際、2022年には爆撃機の共同飛行を2回実施、艦艇の共同航行も2021年と2022年に1回ずつ行っている。

このように日本の安全保障上のリスクは台湾有事以外にも複数存在する。国民の命や暮らしを守る抑止力を高めるための防衛力強化は、まさに“待ったなし”の状況にある。

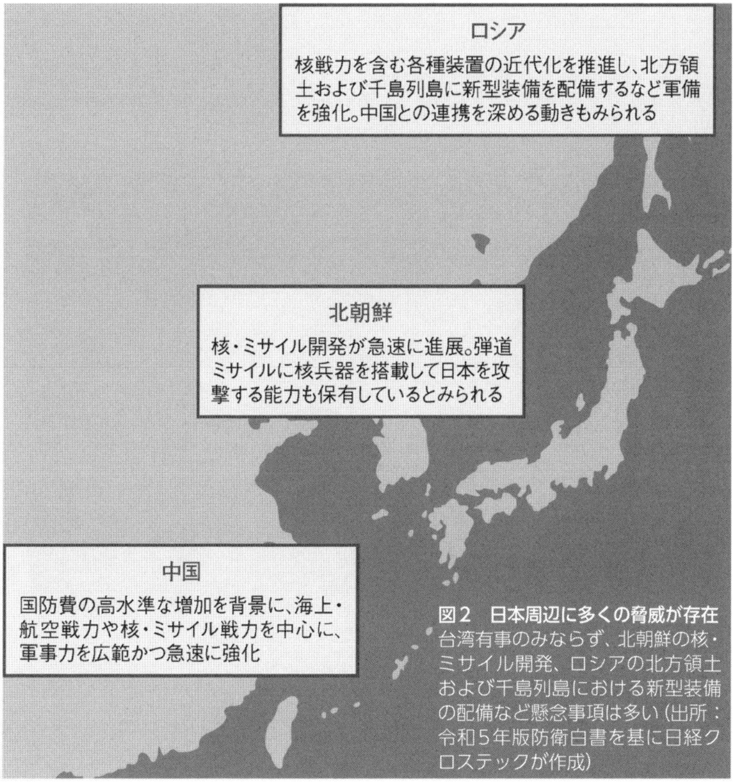

図2　日本周辺に多くの脅威が存在
台湾有事のみならず、北朝鮮の核・ミサイル開発、ロシアの北方領土および千島列島における新型装備の配備など懸念事項は多い（出所：令和5年版防衛白書を基に日経クロステックが作成）

コラム

電子機器を無力化する電磁パルス攻撃の脅威

展示会の会場を取材のために歩き回っていると、見たことがないようなものに出くわすことがある。2023年10月に開催された「テロ対策特殊装備展（SEECAT）'23」の時もそうだった。

「なんだ、これ？」

突然、あるブースに置いてあった模型に目が留まった。中空に張られた多数のワイヤの下に飛行機2機が置いてある（**図A-1**）。

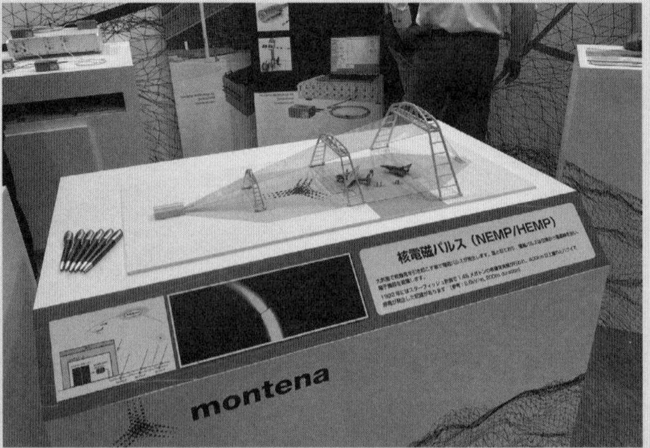

図A-1　電磁パルス攻撃の試験シミュレーターの模型
モンテナテクノロジーの製品の模型。強力な電界を印加して測定対象の耐性をチェックする（写真：日経クロステック）

ブースの説明員に尋ねると「電磁パルス攻撃の試験シミュレーターの模型です」という答えが返ってきた。電磁パルス攻撃（高高度核爆発攻撃）がどんなものか、概要は知っていたが、こんなシミュレーターが実際に存在するとは知らなかった。

このシミュレーターは、核シェルターの人口普及率が100%を超えるという“核対策先進国”のスイス企業が開発した。高電圧パルス発生器や電磁界測定システムなどを専門とするMontena technology（モンテナテクノロジー）である。屋外用のシミュレーターはスイス、米国、韓国、中国、インドといった国々に納入された実績がある。なお、今回の展示は同社の日本代理店を務める日本オートマティック・コントロール（東京・品川）によるものだ。

「HEMP（High-altitude ElectroMagnetic Pulse）」もしくは「NEMP（Nuclear EMP）」とも呼ばれる電磁パルス攻撃（以下、HEMP）は、人体に直接的な被害は及ぼさないものの、1発で地上の電子機器の機能を停止させ、国家機能を麻痺（まひ）させる能力を持つとされる恐ろしい攻撃である。

具体的には、高度40～400kmといった高高度において核爆発を起こす。するとγ（ガンマ）線が大気中の分子に衝突し、そのエネルギーによって分子中の電子がはじき出され、それによって数ns（ナノ秒）で数万V/mに達する強力な電磁パルスが発生し、上空と地上の広い範囲に降り注ぐ（**図A-2**）。

高高度での爆発のため、爆風や熱線などは地上に届かないが、電線などの導体にエネルギーが集まり、電子機器を破壊する可能性がある。通信や電力、ガス、上下水道、交通などのインフラに大きな障害をもたらすと懸念されている。

爆発の高度が高いほど被害範囲が広くなる。米国の調査では、高度200kmで被害範囲の半径は約1600km、高度400kmで同2200kmとされている。

北朝鮮ミサイルの日本上空通過で再燃

HEMPが日本で最初に大きな注目を集めたのは、2017年9

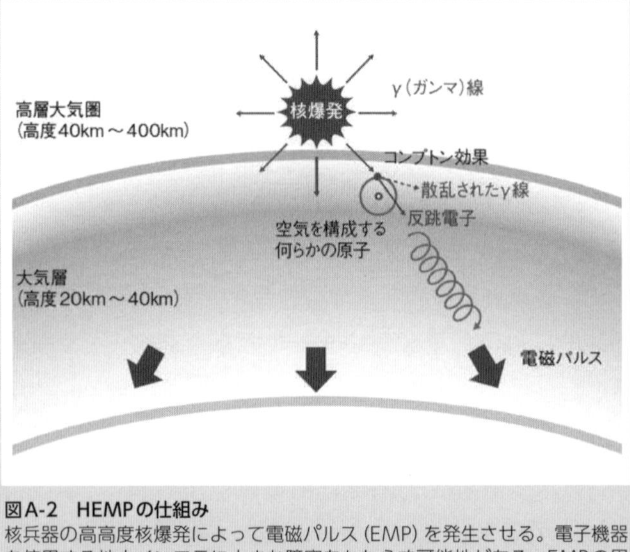

図A-2　HEMPの仕組み
核兵器の高高度核爆発によって電磁パルス（EMP）を発生させる。電子機器を使用する地上インフラに大きな障害をもたらす可能性がある。EMPの周波数は数MHz以上である（出所：日経クロステック）

月3日に核実験を実施した北朝鮮が、国営メディアである朝鮮中央放送、労働新聞を通じて、HEMPを“できる”と主張した時だ。

以降、しばらく経ってメディアの報道も沈静化していったが、北朝鮮は2022年10月4日、5年ぶりに日本上空を通過する弾道ミサイルを発射した。これによって安全保障の専門家や政治家などが、核弾頭を搭載した弾道ミサイルを北朝鮮が発射し、日本上空を通過する際にHEMPを仕掛けるシナリオを想定しておくべきだ、と再び警鐘を鳴らしている。

仮に北朝鮮が日本にHEMPを仕掛けた場合、爆破高度が400kmなどの高高度であれば北海道から九州までと、広い地域に影響が及ぶ可能性がある。

中国もHEMP兵器の開発に力を入れている。米ワシントン・タイムズは2023年9月6日、「中国軍、戦略的EMP兵器の開発を推進　兵器を無力化、インフラを破壊」と題した記事で、公開情報を収集・分析するOSINT（Open Source Intelligence）の専門家3人が、中国は米軍機の電子機器や軍事基地全体を無力化できるHEMP兵器の開発と試験で大きな進歩を遂げているとする報告書を発表した、と報じている。

政府が2022年12月に策定した「防衛力整備計画」では、「主要な装備品、司令部等を防護し、粘り強く戦う態勢を確保するため、主要司令部等の地下化・構造強化・電磁パルス（EMP）攻撃対策、戦闘機用の分散パッド、アラート格納庫のえん体化、ライフライン多重化等を実施する」と書かれ、自衛隊関連施設のHEMP対策を本格的に進めることが明記された。

読売新聞オンラインは2022年12月31日に、「自衛隊4施設の司令部を地下化、空自5基地で電磁パルス攻撃対策も」と題した記事で、航空自衛隊基地5カ所でHEMP対策を2029年度までに行う方向で調整に入ったと報道した。

米大統領専用機は試験を通過

HEMPによって発生する電磁パルスは、到達時間により3種類に分類されている。最初に到達するのが「E1」で、数ns～数十nsの間に電子部品などに過負荷を与え、一時的な断絶もしくは破壊をもたらす。HEMPがもたらす被害は、主にE1によるものとされる。

次に数μs～数sの間に到達する「E2」は、波長や持続時間などから落雷に似たような電磁パルスとされる。そのため、雷対策部品で対応できるとの説もあるが、先にE1により不具合などが生じた状態でE2にさらされ、破壊されてしまうという見方もある。最後の「E3」は秒単位の長い時間継続する大電流をもたらすもので、太陽フレアによる磁気嵐の電磁パルスに近いとされる。

では、HEMP対策はどのようにするのか。実際に核爆発の実験はできないため、シミュレーターで想定される電磁パルスを浴びさせたり、電磁パルスによって引き起こされるであろう大電流・大電圧を電子機器に加えたりすることで、機器の電磁パルス耐性を確認する（**図A-3**）。

例えば、屋外などで高電圧パルス発生装置による電磁波にさらし、破壊されないかどうかを調べる。軍用車両であれば電磁波にさらした上で再度エンジンがかかるか、通信が可能かといった項目を確認する。この他、レーダーアンテナやミサイル、飛行機などが対象となる。米国大統領専用機である「Air Force One（エアフォースワン）」はこの試験を通過している。

モンテナテクノロジーの試験シミュレーターは、米国軍規格であるMIL（MIL-STD-461 RS105）に準拠している。高電圧パルス発生器、送電線、電圧モニター、センサー、制御ソフトウエアなどで構成される。同社のカタログに記載してあるシステムの大きさは、最大で幅18m、長さ74m、高さ

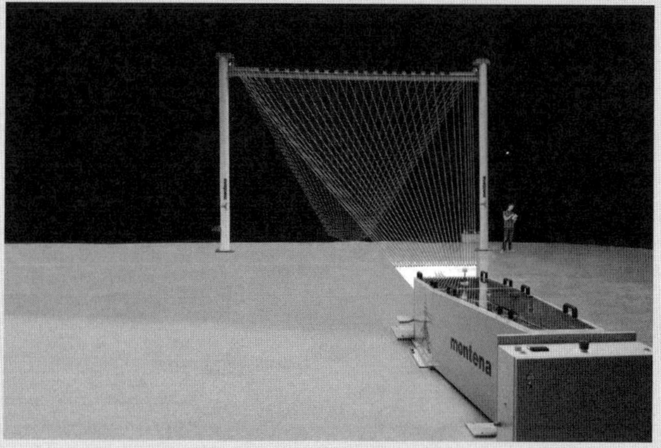

図A-3　モンテナテクノロジーのHEMP試験シミュレーター
製品の一例。屋内にも屋外にも設置可能（写真：Montena technology）

12.9mである。試験規格によって要求内容は異なるが、MILの同規格では「ns単位の最大50kV/mの電界を最低5回、測定対象に印加してテストする」（同社）という。

このほかに、パソコンや蛍光灯などあらゆる電子機器を対象にしたインジェクションテストもある。Ethernetなどのケーブルに大電流・大電圧を加える試験である。

脅威論と懐疑論が共存

実はHEMPの効果に対しては、「脅威論」と「懐疑論」が共存している。比較的簡単に被害を防げるのではないかという見方さえある。

NTTによれば、通信装置への対策としては、装置に電磁波シールドやノイズフィルターといった防護措置を施すことが有効としている。「ファラデーケージ」と呼ばれる、アルミや銅など導体で囲まれた空間内に電子機器を置けば電磁パルスから機器を守れるという。

既に多くのHEMP対策品が販売されている（**図A-4**）。「建屋や部屋を保護をするために外壁をシールドし、その中で使う装置を保護するために電源線、通信線（電話線やEthernetケーブルなど）にフィルターを使うのが対策の基本的な考え方」（日本オートマティック・コントロール）である。

ただし、やみくもな措置は高コストにつながるため、耐性をチェックした上で適切な対策を施すのが理想だ。

安全保障の専門家には、HEMP兵器の“使い勝手”の悪さを指摘する声もある。仮に兵器を配備できたとしても、攻撃対象とされる安全保障関係の設備や装備には電磁パルス対策が取られている可能性が高い。一方で、相手国の社会インフラに甚大な影響をもたらせば全面戦争に発展しかねない。運用は極めて難しいのだ。

だからと言って、何も対策しないわけにもいかない。北朝鮮によるミサイルの脅威、そして台湾有事の現実味が高まっている今だからこそ、政府もHEMP対策に重い腰を上げたとみられる。

図A-4　HEMP対策品の例
2023年10月に開催されたテロ対策特殊装備展の日本オートマティック・コントロールのブースでの展示例（写真：日経クロステック）

第2章
大きく踏み出した
日本の「国家安全保障戦略」

日本の安全保障が大きな転換期を迎えている。最大の要因は、中国、北朝鮮、ロシアといった周辺国の脅威の増大によって、戦後最も厳しく複雑な安全保障環境に直面しているという事実である（**図1**）。

ロシアによるウクライナ侵攻は、これまで国際秩序を形成してきたルールの根幹を一瞬にして壊した。同時に、従来は多くの人が現実には起こり得ないと捉えていた「台湾有事」などの危機が、起こり得るものであることを世界に知らしめた。

さらに、ドローン（無人機）や衛星インターネット通信などの民間の先端技術が戦場で活発に使われ、重要な戦力になっていることが明らかになった。今後はAI（人工知能）、宇宙、量子など民間の激しい競争で鍛えられた先端技術をいかに防衛装備に取り込んでいけるかが、安全保障での優位性を大きく左右するだろう。

中国リスクを初認定

政府は2022年12月16日、今後10年程度の外交・防衛政策の基本方針となる「国家安全保障戦略」など、安保関連3文書の改定を閣議決定

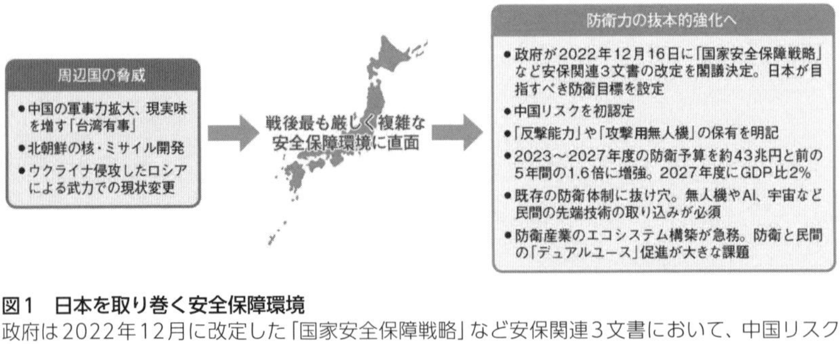

図1　日本を取り巻く安全保障環境
政府は2022年12月に改定した「国家安全保障戦略」など安保関連3文書において、中国リスクを初めて認定したほか、防衛力の強化に向けて反撃能力や攻撃用無人機の保有を明記した。民間の先端技術の取り込みと同時に、防衛産業のエコシステムの構築が急務になっている（出所：日経クロステック）

した。最上位の政策文書である国家安全保障戦略を2013年以来9年ぶりに改定したほか、従来の「防衛計画の大綱」を「国家防衛戦略」に、「中期防衛力整備計画」を「防衛力整備計画」に改定した（**図2**）。キーメッセージは、安全保障の最終的な担保である防衛力の抜本的な強化である。

日本が目指すべき防衛目標を設定した国家防衛戦略には「相手の能力と戦い方に着目して、我が国を防衛する能力をこれまで以上に抜本的に強化するとともに、新たな戦い方への対応を推進する」と記した。

今回の安保関連3文書は、以前よりも大きく踏み出した内容となっている。ポイントの1つが、中国リスクを初めて認定したことだ。以前の国家安全保障戦略では中国の対外姿勢や軍事動向について「国際社会の懸念事項」としていたが、今回は「国際社会の深刻な懸念事項」と表現を強めた。

さらに、「我が国の平和と安全及び国際社会の平和と安定を確保し、法の支配に基づく国際秩序を強化する上で、これまでにない最大の戦略的な挑戦」（国家安全保障戦略）と記した。

安全保障問題の専門家である拓殖大学 海外事情研究所・国際学部教授の佐藤丙午氏は、「日本にとっては、中国の『サラミ戦術』を阻

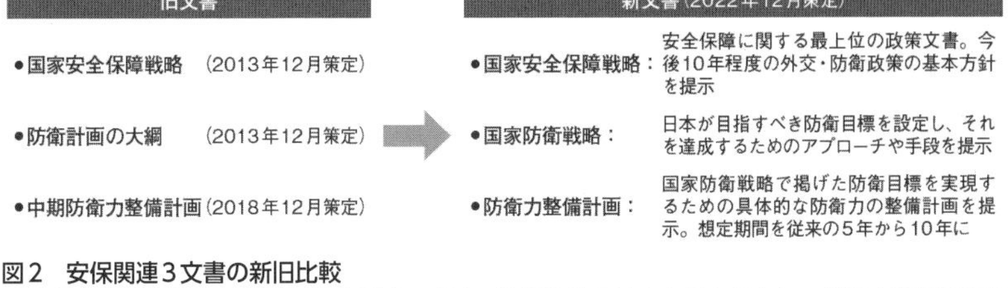

図2　安保関連3文書の新旧比較
国家安全保障戦略では、今後10年程度の外交・防衛政策の基本方針を示した。防衛力整備計画は想定期間を従来の5年から10年に拡張した（出所：日経クロステック）

止するだけの能力をいかに持つかが重要なポイントになる。安保関連3文書で中国に対して強硬な姿勢に踏み込んだというのは、日本の戦略としては間違っていない」と話す。

サラミ戦術とは、敵国の領土奪取などを有利に進めるため、サラミを薄く切るように小さな行動を、時間をかけて積み重ね、ついには既成事実化する手法である。中国が南シナ海の南沙諸島で取った戦術がこれに当たると指摘されている。

ポイントの2つめが、「反撃能力」や「攻撃用無人機」の保有を明記したことだ。反撃能力は、あくまで自衛目的で敵のミサイル拠点などへの打撃力を持つことで、敵の攻撃を踏みとどまらせる能力のことである。一方、無人機については現状、米Northrop Grumman（ノースロップ・グラマン）が製造する大型偵察機「Global Hawk（グローバルホーク）」を保有するにとどまっているが、攻撃機能を持つ無人機も導入するなど本格的な活用に乗り出す。

防衛装備品が軍民融合化

そして、何より注目されるのが、民間発の先端技術が防衛にとって不可欠な要素になっていると明記したことである。「科学技術の急速な進展が安全保障の在り方を根本的に変化させ、各国は将来の戦闘様相を一変させる、いわゆるゲーム・チェンジャーとなり得る先端技術の開発を行っている」「先進的な技術に裏付けられた新しい戦い方が勝敗を決する時代において、先端技術を防衛目的で活用することが死活的に重要」（いずれも国家防衛戦略）とした。

防衛装備庁技術戦略部部長の松本恭典氏は、「軍用品はかつて機械工作品が主だったが、現在はどんな兵器にも電子部品が入ってコンピューター制御されている。あらゆる防衛装備品が軍民融合化している」と話す。ウクライナ戦争が我々に再認識させたのは、今や民間の先端技術を防衛装備に迅速に取り込んでいかないと、周辺国からの脅威にもはや対抗できないという事実だ。

脅威圏外からミサイルで阻止

国家防衛戦略では「防衛力の抜本的強化に当たって重視する能力」として以下の7つを挙げた（**表1**）。「スタンド・オフ防衛能力」「統合防空ミサイル防衛能力」「無人アセット防衛能力」「領域横断作戦能力」「指揮統制・情報関連機能」「機動展開能力・国民保護」「持続性・強靱（きょうじん）性」である。

「スタンド・オフ防衛能力」は先に挙げた反撃能力に相当するもので、侵攻してくる艦艇や上陸部隊などに対して相手の脅威圏の外から阻止する能力である。このために、地上や艦艇など各種プラットフォーム

重視する能力例	概要
スタンド・オフ防衛能力	●侵攻してくる艦艇や上陸部隊などを脅威圏外から阻止する能力の獲得 ●各種プラットフォームから発射可能な長射程ミサイルや迎撃困難な高速滑空弾や極超音速誘導弾などの開発
統合防空ミサイル防衛能力	●各種ミサイルによる複雑化する経空脅威に対処 ●ミサイル探知・追尾能力の向上や迎撃能力の向上 ●極超音速滑空ミサイル（HGV）のような極超音速兵器を迎撃する技術を早期に確立
無人アセット防衛能力	●陸・海・空の各種無人機の早期取得と運用 ●無人機にAIを組み合わせて複数機を同時に制御したり、有人機と組み合わせて運用したりする能力の獲得
領域横断作戦能力	●宇宙、サイバー、電磁波領域の強化、そしてこれらの組み合わせで非対称的な優勢を確保 ●宇宙領域では、衛星を活用したHGV探知・追尾能力の向上や宇宙状況監視（SSA）用衛星の開発、低軌道通信衛星コンステレーションのサービス活用など

表1　防衛力の抜本的強化で掲げた能力の例
抜本的な強化の柱は、これら4つの能力以外にも3つある。「指揮統制・情報関連機能」「機動展開能力・国民保護」「持続性・強靱性」である（出所：日経クロステック）

から発射できるスタンド・オフ・ミサイルの運用能力を強化する。およそ10年後までには、マッハ5以上の極超音速で飛翔（ひしょう）して変則軌道を描く極超音速誘導弾なども開発するとしている（**図3**）。

「統合防空ミサイル防衛能力」は、増大する周辺国のミサイルの経空脅威に対処する能力である。ミサイルの探知・追尾能力や迎撃能力を向上させる。このため、2027年度までに、警戒管制レーダーや地対空誘導弾の能力を高めるとともに、米海軍が開発した艦載武器システムであるイージス・システム搭載艦を整備する。高出力レーザーなど指向性エネルギー兵器の配備によって、小型無人機などに対処できる能力も強化するとしている。

無人機でゲームチェンジ

今、世界各国が開発に注力しているのが、空中・水上・水中など各

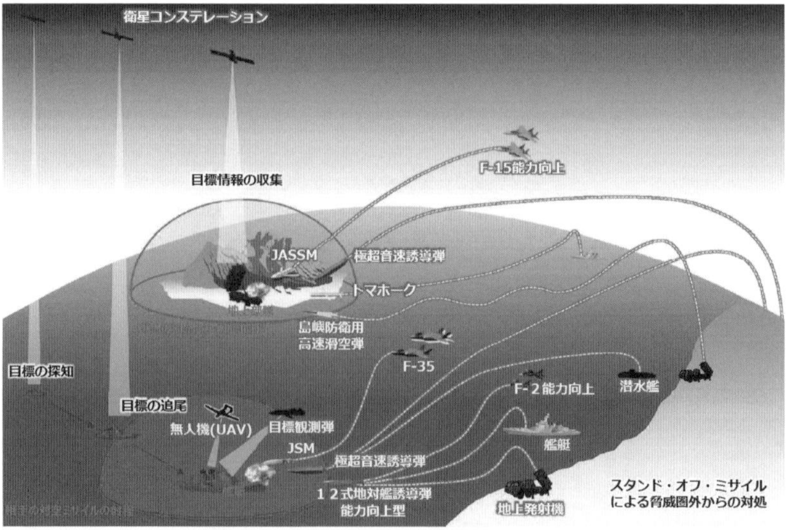

図3　スタンド・オフ防衛能力のイメージ
あくまで防衛目的で相手のミサイルなどの脅威圏の外からミサイルで反撃する（出所：防衛省）

種の無人機を活用する「無人アセット防衛能力」である。無人アセットは（1）有人装備と比べて安価、（2）人命に及ぼすリスクがほぼない、（3）長期間の連続運用が可能、など利点が多い。特に人手不足が深刻な日本にとっては、無人アセットをフル活用して人的リソースを最小限にする「無人防衛」が将来の理想像である（第5章『目指すは「無人防衛」』を参照）。

無人アセットはAIや有人装備と組み合わせることによって、「部隊の構造や戦い方を根本的に一変させるゲーム・チェンジャーとなり得る」（国家防衛戦略）。

例えば、日本がイタリア、英国と共同開発し、2035年ごろの運用を目指している「グローバル戦闘航空プログラム（GCAP）」における次世代戦闘機も、基本的には自律的なシステムとペアで運用する方向性が決まっている。無人機は、戦闘機（有人機）の「ロイヤル・ウィングマン（僚機）」として、戦闘機から大まかな指令を得ながら、例えば偵察や防御射撃といった補佐的な役割を担う。

専門家を驚かせた「能動的サイバー防御」

「領域横断作戦能力」は宇宙、サイバー、電磁波といった新領域の強化と、これらの組み合わせによって非対称な優勢を確保する能力を意味する。

宇宙領域については、衛星コンステレーション（多数個の人工衛星の一群およびシステム）を含む新たな宇宙利用の形態を積極的に取り入れ、例えば極超音速兵器の探知・追尾能力を向上する。また、宇宙状況監視（SSA）衛星を開発するなど宇宙領域把握（SDA）を強化する。

宇宙に関する活動を充実させるため、現在の「航空自衛隊」の名称を2027年度までに「航空宇宙自衛隊」に改称し、体制を強化する。これは、安全保障において宇宙の重要度がさらに高まっていることを示す証左の1つである。

サイバー領域では「能動的サイバー防御」の導入を宣言し、サイバーセキュリティーの専門家たちを驚かせた。能動的サイバー防御は、攻撃者の情報を収集して分析し、重大なサイバー攻撃の恐れがある場合は、未然に攻撃者のシステムに侵入して無害化などをする行為を指す。高度な分析や判断が必要なうえ、ある意味、「専守防衛」というこれまでの原則を覆す行為とも捉えられる大胆な施策だ。

電磁波領域では、相手方からの通信妨害など厳しい電磁波環境の中でも、自衛隊の電子戦などを有効に機能させる能力を高める。

残る3つの「指揮統制・情報関連機能」「機動展開能力・国民保護」「持続性・強靱性」については、指揮統制・情報関連機能においてAIの活用やサイバー戦、電子戦を組み合わせたハイブリッド戦などへの対処能力を整備するとした。機動展開能力・国民保護では、自衛隊自身の海上輸送力・航空輸送力を強化するとともに、民間資金を活用した社会資本整備（PFI）による民間輸送力の最大限の活用を挙げた。持続性・強靱性では弾薬、燃料、装備品の可動数に関して自衛隊の継戦能力は十分でないと指摘し、2027年度までに弾薬について必要量の不足解消などに取り組むとした。

防衛費のGDP比1％目安を撤廃

こうした防衛力の抜本的な強化のために、政府は防衛費を大幅に増強する。2023～2027年度の予算は、5年間で合計約43兆円とこの前の5

年間と比較して1.6倍に増やす。これまでの国内総生産（GDP）比で1％という防衛費の目安を撤廃し、2027年度にそれを2％にまで高める予定だ。GDP比2％は、北大西洋条約機構（NATO）加盟国が目標とする水準である。

ちなみにスウェーデンのストックホルム国際平和研究所（SIPRI）の調べによると、2022年における世界の軍事費シェアでトップは米国の39.2％、2位は中国の13.0％。GDP比はそれぞれ3.45％、1.60％である。

もちろん、防衛費を大幅増強したからといって防衛力が強化されるかと言えば、それほど単純ではない。経済や技術基盤がしっかりしていないと永続性がない。

拓殖大学の佐藤氏は安保関連3文書について、「戦略として掲げたものと、実際に日本が持つ経済力や技術力といった能力との間には大きなギャップがあるように感じる」と指摘する。

佐藤氏が指摘するように、掲げた理想の実現の前には多くの課題が横たわっている（**図4**）。まず、防衛力を支える基盤である経済力が揺らいでいる。国際通貨基金（IMF）が2023年10月に公表した経済予測では、日本の米ドル換算での名目GDPはドイツに抜かれて4位に転落する見通しだ。

防衛産業自体の基盤も揺らいでいる。ここ5年以内に、防衛産業から撤退する国内の大手企業が相次いでいるのだ。その理由は単純。防衛事業の魅力が薄いのだ（第9章　『防衛力強化の鍵、「デュアルユース」』を参照）。

「死活的に重要」という力強い言葉で重要性を明記した先端技術の取り込みについても、これまではそれに向けた制度や研究開発を支援する制度がなかったり、あったとしてもあまり有効に機能していなかったりした。

また、防衛装備品は民生品と異なり、専用技術を開発しても数量が出ないことが大きな課題だが、それを解消する鍵とされるデュアルユース（軍民両用）の実現に必要な「応用研究」などへの支援制度もこれまではなかった。

まさに防衛力の抜本的強化に向けた課題は山積していると言えるが、実はこうした課題を解消するための取り組みや議論が政府や防衛省などで活発に進められている。例えば、防衛装備庁は米国防総省（DoD）傘下の「DARPA（国防高等研究計画局）」などを手本にした新しい研究組織を2024年度に設立する計画だ。これまでの研究とは異なり、リスクを取って新しいテーマに挑戦することで、防衛分野のイノベーションを創出することを目指すという。

台湾有事の現実味が増すなか、国民の安全をしっかりと守り抜く土台となる“強固な防衛力”を築くために、今まさに防衛大変革が求められているのである。

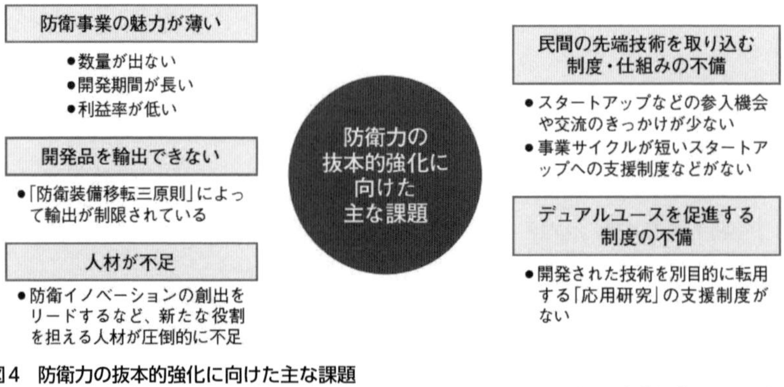

図4　防衛力の抜本的強化に向けた主な課題
防衛事業の魅力が薄い、民間の先端技術を取り込む制度や仕組みの不備などが挙げられる。今後は防衛分野のイノベーションをリードする人材不足が大きな課題になるとの指摘もある（出所：日経クロステック）

インタビュー

防衛装備庁技術戦略部技術戦略課技術企画室長防衛技官 **大崎 馨**氏
技術戦略部技術企画室技術構想班長防衛技官 **杉本晋一**氏

「スタートアップや外部企業の提案求む」防衛装備庁が語る強化に向けた技術戦略

左 大崎 馨氏 右 杉本晋一氏
(写真：日経クロステック)

防衛省は2023年6月28日、日本の防衛技術基盤の強化方針を具体的に示した「防衛技術指針2023」を公表した。2022年12月に策定した「国家安全保障戦略」など安保関連3文書で示した方針を具体化するものである。防衛技術指針2023では、「切迫した安全保障環境に対応するためには、我が国の科学技術・イノベーション力をスピンオンし、安全保障目的、防衛目的で最大限に活用していくとともに、防衛省の研究開発の成果をスピンオフして社会に還元していくことが必要である」とした。そして、日本を守り抜く上で重要な技術として「無人化・自律化」など12分野を挙げた。防衛装備庁技術戦略部技術戦略課技術企画室長防衛技官の大崎馨氏と同部技術企画室技術構想班長防衛技官の杉本晋一氏に、防衛技術指針2023の狙いなどについて聞いた。

── 防衛技術指針2023では「民間発の科学技術・イノベーション力が防衛装備にとって重要になっている」と指摘しています。現状をどのように見ていますか。

大きな変革点に来ていると思います。これまでは戦車や戦闘機、艦艇といった以前からの防衛装備の能力や機能をいかに高めるかという視点でずっと開発をしてきました。しかし、昨今は民生向けの先端技術が急速に進歩しており、新しい戦い方に対応するためにもそれらをどう取り込むかが非常に重要になっています。

――ウクライナ戦争では、戦場の様相はどのように変わったのでしょうか。

もちろん、戦車など以前からの兵器は使われており、戦闘の原理原則は変わっていません。ただし、民間発の技術であるドローンを使うことで高所からの索敵が手軽にできるなど、以前からやりたかったことが簡単にできるようになっています。SNS（交流サイト）の戦場での活用などもこれまでにはなかったことです。

旧来想定していた戦い方とは異なるやり方が、出てきているのです。だから、防衛技術指針2023には、「外部の幅広い技術を取り入れよう」と書きました。

――防衛技術指針2023では、日本を守り抜くために優勢を獲得すべき重要な技術として、「無人化・自律化」「センシング」「コンピューティング」「サイバー防衛力」など合計12分野を挙げています。

まず、日本を守り抜くために優勢を獲得する分野として「物理」「情報」「認知」の3領域を定義しました。物理は陸・海・空・宇宙、情報はサイバー、電磁波など情報の優劣が活動の成否を決める分野、認知は指揮官や幕僚の認知（知覚、判断、推論、記憶など）などその優劣が成否を決める新たな活動分野です。これまでは物理分野にフォーカスしていましたが、これからは情報や認知など全体を見ていかないと効力を発揮できないと考えました。

その上で重要な技術を12分野挙げたわけですが、無人化・自律化は唯一、3分野すべてにまたがっており、人手不足の昨今、この技術の重要性は非常に高まっています（**図A-1**）。

ただし、この12分野はあくまで防衛省が考えていることを例示したものです。外部の研究機関やスタートアップなどから提案が持ち込まれることを期待しています。それを基に、どのような新しい戦い方ができるかを検討したい。これまでにはなかったアイデアをどんどん取り入れたいと考えています。

── 民間の先端技術を積極的に取り込む（スピンオン）必要があるという認識をお持ちだと思いますが、これまではどのような取り組みを進めてきたのでしょうか。

2015年度に、防衛分野での将来における研究開発に資することを期待して先進的な基礎研究を公募する「安全保障技術研究推進制度」を

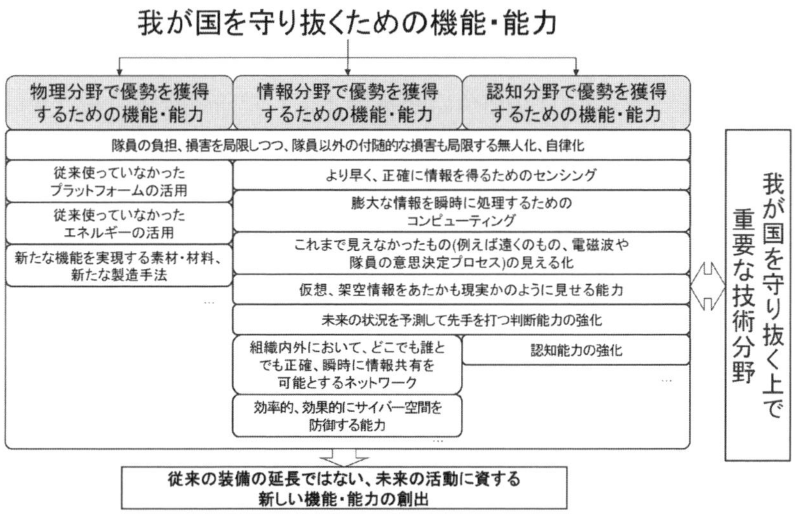

図A-1　防衛技術指針2023で示した12の技術分野
「物理」「情報」「認知」の3領域について、重要な技術分野を合計12個挙げた。防衛技術指針2023では、より具体的に技術例を示している。例えば、「無人化・自律化」についてはHMI（Human Machine Interface）、BMI（Brain Machine Interface）、アバター制御技術などを挙げている（出所：防衛省）

開始し、2020年度に先端技術を活用した装備品の創出を目標とする「先端技術の橋渡し研究」を開始しました。

いずれも、外部の技術の取り込みのために進めているものです。このような取り組みはそれ以前はなく、防衛装備品の事業を手掛ける企業を中心に技術を育成してきてもらっていました。しかし、これまでは防衛用として意識されてこなかったような技術を取り込む必要が出てきたため、こうした研究制度を設けました。

一方、防衛分野で鍛えた技術を民間で活用するスピンオフも重要だと考えています。安全保障戦略は、日本の経済力や技術力の底上げなしでは成功し得ないからです。防衛をトリガーにして行われた研究開発成果を民間でどんどん使ってほしいと考えています。

防衛イノベーション創出を目指す研究組織

── 防衛装備にイノベーションを起こす可能性がある研究テーマに投資する、DoD傘下のDARPAなどを手本にした研究組織の設立を計画していると聞いています。

2024年度に組織を設立できるよう、同年度予算の概算要求をしました。発足したらすぐに研究プログラムを立ち上げられるようにしたいと考えています。

こうしたDARPA型の研究組織は、最近、英国やオーストラリア、NATOもつくっています。

我々の研究の対象は将来の防衛に使える技術で、時間軸は10年以上先をイメージしています。新しい技術ソリューションを創出するのが目標です。テーマは検討中ですが、これまでは「できると思っていなかった」ことにチャレンジしたいと考えています。

そのために、企業や研究機関で活躍している優秀な方に来ていただいてプログラムマネジャー的な権限を付与し、研究を進めていくことを検討しています。

──10年以上先の実用化を目指した研究となると評価が難しいと思いますが、どのようにする方針でしょうか。

防衛省におけるこれまでの研究は、絶対に失敗しない、無駄を生まないことが重要でした。リスクを最小限にして、着手時点でゴールが見える研究をやっていたイメージです。

しかし、今回はリスクを取って挑戦をします。そのための組織のあり方も検討しています。もちろん、10〜20年も同じ研究をやり続けることはできません。恐らく3〜5年という一定期間が過ぎたら、本当に実現する可能性があるかどうかを検証する仕組みを設ける必要があると考えています。

第3章
識者が語る防衛イノベーション

有識者インタビュー 1

防衛技術協会理事長 **渡辺秀明**氏

「ドローンが主役に」「戦場のウーバー」元防衛装備庁長官が語る技術転換

日本を取り巻く安全保障環境が厳しさを増すなか、日本の防衛体制の強化が喫緊の課題になっている。その参考になるのが、ロシアによる侵攻で始まったウクライナ戦争である。元防衛装備庁長官で、現在は「防衛技術ジャーナル」を発行する防衛技術協会理事長の渡辺秀明氏に、ウクライナ戦争で見えた新しい戦い方や日本の防衛が学ぶべきことなどについて聞いた。

渡辺秀明氏
1979年に防衛庁（当時）に入庁。技術研究本部総務部長、技術監、技術研究本部長などを歴任後、2015年10月に防衛装備庁の初代長官に就任した。2017年7月に退官（写真：日経クロステック）

――ウクライナ戦争では技術的な観点から様々な新しいことが見えてきたと思います。注目しているポイントを教えてください。

我々がウクライナ戦争から学ぶ必要があると考えているのは、まずは「サイバー」です。ロシアは、ウクライナをサイバー攻撃して重要インフラなどを停止させてしまえば、武力攻撃をちょっとしただけで降参するという目算があったとの観測があります。私もその通りだと思います。

しかし、現実は全く違いました。ウクライナはサイバー攻撃に対して非常に強靱（きょうじん）化されており、そこはロシア側の誤算でした。

ウクライナは2015年と2016年に、ロシアから電力システムを狙った激しいサイバー攻撃を受け、全国的な大規模停電を2年連続で経験しています。サイバー攻撃によって国家機能が止められてしまう事態を目の当たりにして危機感を抱き、米国にサイバー軍や米国家安全保障局（NSA）の専門家の派遣を要請しました。そして専門家がウクライナを徹底的に指導して強化したようです。

実は今回のサイバー攻撃は、ロシアが2022年2月24日にウクライナ侵攻を開始する以前から始まっていました。米国もそれを分かっていて、侵攻前からサイバー軍を派遣していたことを同軍のトップが証言しています。

日本にとっての教訓は、今後何かしらの有事が現実に起きるとすると、その前に重要インフラなどに対するサイバー攻撃が仕掛けられるということです。例えば、電力や水道の供給がストップしてしまえば、国内は大混乱し、防衛自体も立ち行かなくなってしまいます。

──ウクライナ戦争では、米SpaceX（スペースX）の衛星ブロードバンドサービス「Starlink」がウクライナにとって大きな支援になったといわれていますが、渡辺さんはどうみていますか。

宇宙の利用が非常に重要であるとの認識を新たに持ちました。戦争になると地上の通信網は破壊されてしまいます。今回のウクライナも同様です。そこでウクライナの閣僚がSpaceX CEO（最高経営責任者）のElon Musk（イーロン・マスク）氏にStarlink機器の提供を要請し、Musk氏がそれに即応。ウクライナ軍や国民は、衛星経由でインターネットの利用を継続できているわけです。

やはり、戦争では情報が非常に重要で、さまざまな情報を共有する基盤としてインターネットは不可欠です。例えば、今回の戦争で注目されたものに、英国とウクライナが2015年に共同開発した状況認識システムの「GIS Arta」があります。ドローン（無人機）や衛星などによる敵の位置情報を基に、索敵情報をマッチングし、攻撃すべき対象を抽出して前線の兵力を振り分けます。射撃命令から実際の攻撃までの時間を大幅に短縮できることから、「戦場のUber（ウーバー）」と呼ばれています。こうしたシステムはインターネットがないと活用できません。

もちろん、兵士や国民にとってはインターネット経由で大統領のメッセージを聞けて、敵に対して我が国が善戦しているということが分かれば、士気は高まります。この部分も重要です。

ドローンは制空権とは無関係

――ウクライナ戦争では、軍用のものから民生用までドローンが幅広く使われているようです。

ドローンは脇役から主役になったと思います。例えば、トルコのBaykar（バイカル）が開発した「Bayraktar TB2」という軍用の固定翼型ドローンは、今回、ロシアの対空火器の封じ込めなどに威力を発揮しています。

実は、ウクライナはTB2の導入が非常に効果的であることを知っていて、ロシアが侵攻する前からバイカルに対して、TB2のウクライナでの製造を打診していました。こうすることでトルコからの輸送時間や費用が節減されます。

2022年10月のニュースによると、ドローンの製造施設は2024年には完成するようです。その代わりとして、バイカルはウクライナからドローン用エンジンの供給を受け、無人ステルスジェット「Bayraktar

Kizilelma」を開発中です。かなり、したたかなビジネスを展開しています。

ドローンについて重要なポイントなのは、通常の「制空権」とは無関係なことです。ドローンが飛行するのは戦闘機が飛行する高度よりかなり低い空域です。たとえ戦闘機がドローンを見つけて攻撃しにいったとしても、すぐに地上に降りてしまうので、攻撃があまり有効ではありません。

民生用のマルチローター（マルチコプター）型ドローンでも爆弾を搭載してインフラや戦車などを攻撃できたりします。つまり、ドローンの活用によって戦い方が変わってきており、防衛する側からみると非常に厄介な存在になっています。

――ところで、2023年2月ごろに注目を集めた中国の偵察気球の脅威をどうみておられますか。

気球は意外に怖いと思います。高度20～30kmの成層圏を飛行するので、撃墜が難しい。高度20kmまでだったら戦闘機で撃墜できますが、25～30kmになると非常に困難です。

そしてかなりのペイロード（荷物）を搭載できるので、例えば気球を使って電磁パルス攻撃（HEMP：High-altitude ElectroMagnetic Pulse）ができる可能性があります。これは、上空で核爆発を起こして強力な電磁波を発生させ、地上の電子機器に過負荷をかけて、誤作動させたり破壊したりする攻撃です。一瞬で、電気制御の重要インフラや対象地域の電子機器に致命的な打撃を与えることができるといわれています。

こうしたことを実現できるという指摘もあるので、対策などについて深く議論する必要があると思います。

――国内では最近、防衛産業から撤退する企業が相次いでいます。このままでは防衛力が弱体化するとの指摘がありますが、産業のエコシステムをどのように構築すればいいのでしょうか。

防衛装備庁は今、これまでの歴史を塗り替えようと奮闘している最中だと私はみています。例えば2023年度から防衛装備品の利益率の算定の仕方を変えました[注1)]。つまり、参入企業が防衛装備品で稼げる道を整備しました。

この機会を企業が利用してサクセスストーリーがたくさんできれば好循環が生まれ、民間の優れた技術が防衛産業に入ってくるというエコシステムをつくれるのではないでしょうか。

“死の谷”を越えるための資本投下

――米国では米国防総省（DoD）が2015年に、民間の先端技術を取り込むことなどを目的に、「国防イノベーションユニット（DIU：Defense Innovation Unit)」を米国カリフォルニア州のシリコンバレーに設立しています。こうした取り組みから日本が学べることはありますか。

実は米国の軍事産業と日本の防衛産業は構造が違っていて、米国の場合はもともと軍事産業と民間企業の距離が遠かったので、DIUなどを設立して民間の技術を取り込む必要があったのです。一方、日本の場合は民間企業が防衛産業部門を持って事業を展開しています。だから、「民生技術の上に成り立った防衛」なんです。

ということで、米国が民間の先端技術を取り込むことに力を入れ始めたのはそんなに前のことではないのですが、最近感心したのはDoDに「Office of Strategic Capital（OSC)」という第3の組織を2022

年12月につくったことです。

DoD国防次官のHeidi Shyu氏（研究・開発・技術担当）は、2023年3月に開催された防衛・セキュリティーの総合展示会「DSEI Japan」の基調講演にビデオメッセージで参加し、「DoDはDARPA（国防高等研究計画局）やDIUを設立して先端技術の開発に取り組んできたが、それだけでは不十分だった。技術が“死の谷”を越えるには、さらに踏ん張りが必要で、そのためにOSCが戦略的な資本（Strategic Capital）を提供する」と発言していました。

要は、DARPAもDIUも研究開発に資金を提供しますが、4〜5年たったら一応、提供を終了します。ところが、その段階では実用化できるところまで行っていない技術も多い。だから、有望な技術を拾い上げ、さらに資金を提供して育てようというのがOSCの狙いです。

「DARPA、DIUを今からつくりましょう」というのではなく、さらにそれを補完する組織を立ち上げてしまうところに、米国のすごさを改めて感じました。

注1）　利益率は従来平均8%だったが、品質や納期などの実績を企業ごとに評価して最大10%に設定。さらに原材料高騰など調達コストの変動分として最大5%を契約年数に応じて付与する。

有識者インタビュー 2

慶應義塾大学総合政策学部教授 **古谷知之**氏

AI活用の自動化技術で戦場を無人化 軍民技術融合がウクライナ戦争で顕著に

中国による台湾侵攻のリスク、北朝鮮が発射するミサイルの脅威拡大、さらにロシアと中国の軍事面の連携強化など、日本を取り巻く安全保障環境が厳しさを増している。今後の防衛のあり方について参考になるのが、「ウクライナ戦争」である。この大国同士の戦いから見えてきた新しい戦争の形とはいかなるものか。安全保障と先端技術に詳しい慶應義塾大学総合政策学部教授の古谷知之氏に聞いた。

古谷知之氏（写真：本人提供）

――ウクライナ戦争では民間の先端技術が戦場を大きく変えたといわれています。先生はその変化をどうみていますか。

現代の戦争において「戦場のDX（デジタルトランスフォーメーション）」が急速に進んでいることが、ウクライナ戦争で顕在化しました。このことは、以前から指摘されていましたが、人口が約1億4400万人のロシアと約4200万人のウクライナという大国同士の長期戦ではっきりとしました。

安全保障の世界では、ミサイルや核兵器といった伝統的な兵器に対して力を相殺する「オフセット」が重要とされてきました。従来は、その手段としてミサイルや核兵器の開発で対抗するのが常とう手段でした。しかし、最近では第3のオフセット、いわゆる「サードオフセット戦略」としてAI（人工知能）、ドローン、宇宙、量子など新しい技術で対抗しようという動きが加速しています。

例えば、米国の国防総省は2015年、こうした民間の先端技術を取り込むことなどを目的に、「国防イノベーションユニット（DIU）」を米国シリコンバレーに設立しています（**図1**）。

ただし、サードオフセット戦略を概念として最初に打ち出したのは米国ですが、これを着実に実行しているのは、どちらかというと中国やロシアです。

特に中国はこの2～3年で、AIやドローンといった新しい技術を使ったオフセット戦略を急速に進めています。それが米国だけでなく、日本や英国など米国の同盟国にとって脅威になっています。米国はAIに関して、単独では中国の力を相殺できるだけの力を持ち得ない、とはっきり言っています。

図1　国防イノベーションユニットのホームページ
DIUは民間の先端技術を安全保障分野に取り込むことを目的に設立された。これまでの複雑で時間がかかるプロセスを改善し、先端技術の活用のスピードアップと規模拡大を図るとしている（出所：Defense Innovation Unit）

——オフセットとして特にAIが重要視されているのはなぜでしょうか。

2つあります。1つは、ドローンやロボットといったAIを活用した自律化技術を導入することで戦場を無人化し、人間に対する被害を軽減できます。もう1つは、意思決定のスピードを高速化できることです。

例えばウクライナでは、街中に設置されたカメラや兵士などが持っているスマートフォンで撮影された映像、衛星画像などを統合してAIで解析し、どこのエリアにロシア軍の戦車がどのくらい来ているのか、などの情報を自動的に取得しています。こうした技術によって意思決定を速くできます。

ウクライナ戦争の報道では、戦車同士が戦っていたり、ミサイルが建物に撃ち込まれたりする映像が数多く流されていますが、例えばウクライナ軍は旧式の戦車の中に「iPad」を持ち込んで、ドローンや衛星で撮影したロシア軍の戦車などの映像から割り出した座標（位置）を地図情報システムでピンポイントに確認しています。

そして敵の戦車などをピンポイントで攻撃するソフトウエアには、世界中のエンジニアがソフトウエア開発プラットフォーム「GitHub」に投稿したコードなども使われているようです（**図2**）。こうしたオープンソースソフトウエア（OSS）を使って世界中のエンジニアがボランティアとして戦争に参加しているのも、今回見えてきた新しい部分です。

ウクライナ戦争ではSNS（交流サイト）上にフェイクニュースなどネガティブな情報が数多く掲載されていますが、こうした情報の判定にも民間人が作成したソースコードが活用されています。

——先ほど、戦車内でiPadが使われているとおっしゃっていましたが、もはや民生用のスマートデバイスは戦争における情報戦で不可欠な存

在になっているのでしょうか。

その通りです。従来、軍事情報は軍隊だけが持っている情報を軍隊のみで共有する形でしたが、現在は民間からの情報も前線で併せて共有することが重要になっています。そのためにスマートフォンやタブレット端末といった民生品がかなり使われています。

そうしたなかで、エッジAIのような機能を高速に処理できる先端の半導体を搭載したデバイスが重要であるとの認識が高まっています。より性能が高い半導体を手に持つことによって、人間の意思決定を迅速に支援できるからです。今後は、民間でいうDXの戦場版がフル実装されてくると思います。

陸・海・空でドローンを投入

――ウクライナ戦争では様々なドローンが使われ、戦果を上げている

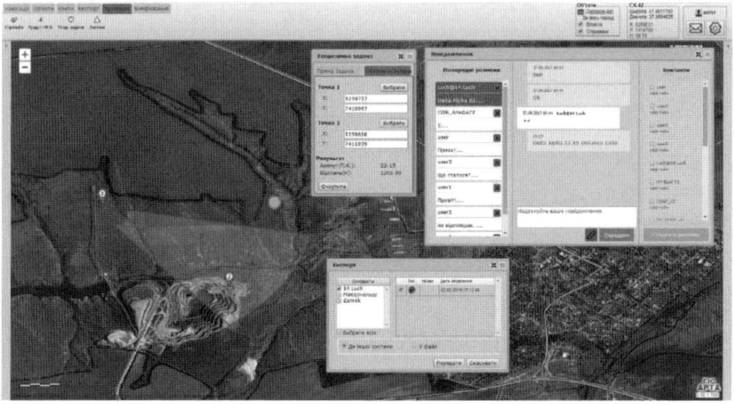

図2　意思決定速度を大幅に高めた状況認識システム
英国とウクライナが2015年に共同開発した状況認識システム「GIS Arta」。「戦場のウーバー」と呼ばれている。ドローンや衛星などによる敵の位置情報を基に、索敵情報をマッチング。攻撃すべき対象を抽出して前線に展開中の兵力を振り分ける。射撃命令から攻撃まで、通常は20分程度かかるといわれる意思決定を1分以内に短縮できるとしている（出所：GIS Artaのホームページ）

と聞いています。具体的にドローンは、どのように活用されているのでしょうか。

今回の戦争では、AIを搭載した陸・海・空のドローンが投入されています。空飛ぶドローンだけでなく、地雷を撤去して爆破する自動走行車両や水上・水中のドローンも使われています。

空飛ぶドローンには大きく2種類があります。1つは、トルコのBaykarが製造する「Bayraktar TB2」のような、軍用の固定翼型ドローンです（**図3**）。高高度からの偵察、情報収集、攻撃の支援などに使われています。このドローンは、様々な種類のセンサーを搭載しており、敵軍の戦車がどの周波数帯の電波を使用しているかなどの情報も常に収集しています。

もう1つは、民間で使われているマルチローター型の小型ドローンで、低い高度からピンポイントで敵の戦車の位置を把握したり、地上部隊

図3　トルコ製の軍用固定翼型ドローン「Bayraktar TB2」
翼幅12m、全長6.5mの機体で、飛行高度は1万8000～2万5000フィート（約5400～7500m）。エンジン駆動で、連続約27時間飛行できる。ペイロードは150kg。最大300kmの通信が可能（写真：Baykar）

を追跡したり、さらには戦車の上を飛んで爆弾を投下したりといった活用がされています。戦場で休憩している兵士をドローンが追跡したりすると、兵士は恐怖心を感じて戦意がそがれたりします。民生品の場合は、軍用の装備の扱いに熟達した兵士でなくても使える利点があります。

今回、ウクライナ戦争でドローンが大規模に使われていることについて、私が特に注目しているのは、ドローンで様々な実戦データを収集してAIに学習させている点です。これによって意思決定の精度が高まるなど、AIを活用した新しい戦い方の「ルール」が形成されるとみています。

――ウクライナ戦争でのドローン活用から、日本の防衛力強化のために参考になることはあるのでしょうか。

参考になることの1つが、水上ドローンや水中ドローンが攻撃に使われていることです。というのも、中国の人民解放軍が台湾海峡や日本の南西諸島などに侵入するような事態になったときに、専門家の間では水上ドローンや水中ドローンが数多く使われるのではないかとの警戒感があるからです。

日本の海中防衛は潜水艦の活動領域に特化しており、浅い海域での水上・水中ドローンを使った破壊活動に対しては脆弱です。日本も台湾も、通信用の海底ケーブルを物理的に切られてしまうとインターネットの通信が遮断されてしまいます。こうした水中での破壊工作に水中ドローンを使うのは、現実にあり得る話です。

その意味でも、ウクライナ戦争での水上・水中ドローンの攻撃を分析することには価値があると思います。

第4章
迫りくる新たな脅威と対策

各国がAI（人工知能）やドローン（無人機）、サイバー、宇宙など様々な先端技術を導入して軍事力強化を図るなか、これまで想定していなかった新たな脅威が台頭している。この章では、「スウォーム攻撃」「サイバー攻撃」「生成AI」「衛星攻撃兵器」「極超音速兵器」という5つの脅威の実態と対策を紹介する。

1 スウォーム攻撃の脅威――戦場の様相を一変させる集団攻撃

鳥の群れのように集団を成した数多くのドローンが防空網をかいくぐって飛来し、いきなり襲ってくる……。

ロシアによるウクライナ侵攻では、ウクライナとロシアの双方が各種のドローンを活用して戦果を上げている。既存の防空網には引っかからず、様々な使い方ができるドローンは、まさに「戦場のゲームチェンジャー」としてその能力を実証している。そして今、世界の安全保障関係者が次なる大きな脅威とみて対策を急いでいるのが、ドローンを使った「スウォーム（群れ）攻撃」である。

日本政府が2022年12月に策定した「防衛力整備計画」では、「脅威が急速に高まっているドローン・スウォームの経空脅威に対して、経済的かつ効果的に対処するための技術を獲得し、早期装備化を目指す」と記している。この背景には、世界トップの“ドローン大国”である中国が、スウォーム飛行でも米国をしのぐほどの技術を保有しているという事実がある。

まだ初歩的なものであるが、スウォーム攻撃は既に実戦使用が始まっている。AIを搭載した自律型ドローンのスウォーム飛行が実際の戦闘で使われたのは、イスラエル国防軍が2021年5月に行った、同国ガザ地区におけるイスラム原理主義組織「ハマス」の掃討作戦とされている。ここでのスウォーム飛行のミッションは、攻撃ではなく偵察だったという。

2023年8月には、ウクライナ軍が小型爆弾を搭載した4機から成る小規模スウォームでロシアの迫撃砲を破壊した、と米ウォール・ストリート・ジャーナルが同年9月に報じている。

防衛省は2023年度から、スウォーム攻撃対策の実証研究を開始した。具体的には、飛来するスウォームを迎撃するために必要な技術や、防空用のスウォーム技術の研究を行う。

ドローンショーとは異なる技術

スウォームは、数十機から数百機のドローンが機体間通信をしながら群れを成して自律飛行する形態を指す。定義が確立しているわけではないが、回転翼（マルチローター）型では数十機、よりスピードが速い固定翼型では5～10機程度の集団が標準とされている。

多数のドローンが集団で飛行するものに、ドローンショーがある。2021年の東京五輪開会式で米Intel（インテル）が手掛けたショーでは、搭載するLEDを発光させた1824機のドローンが夜空に地球を模した球体などを形成して見せた。

ただし、ドローンショーとスウォーム飛行の技術は大きく異なる（**表1**）。ドローンショーの場合は、各機体が「×時×分に×の位置で青色に光る」などとプログラミングされており、それに基づいて飛行しているだけである。ドローン同士は通信をしていないので、ドローンに何らかの不具合が生じると衝突することもあるという。

一方、スウォームでは自律飛行をするドローンがメッシュネットワークによる通信で協調しながら一定間隔を保って飛ぶ。仮にドローン同士が接近したら衝突しないように距離を取ったり、一部のドローンが飛行不可能になったら残ったドローンがメッシュネットワークを自律的に再構築したりする。

つまり、「協調」「自律性」「柔軟性」という点でドローンショーの編隊飛行の技術とは大きな違いがある。

スウォーム飛行による攻撃が大きな脅威となるのは、以下の特徴による。(1) 機体が戦闘機やミサイルなど従来の兵器と比較して圧倒的に低コスト、(2) 機体が小型のためレーダーに映らない、目視も難しいなど探知が困難、(3) スウォームの一部が撃墜されても、残りのスウォームで全体としてのミッション達成能力が保持される、(4) スウォーム内で機能を分担したり、役割を交代したりすることが可能——。

いきなり集団で飛来し、そのうちの幾つかのドローンを撃墜したとしても残りで爆撃や偵察などのミッションを遂行してしまう。スウォーム攻撃は、防衛側にとって非常に厄介な存在なのだ。

15機のスウォームが日本の空を舞う

2023年8月1日、スウォーム飛行の日本初となる実証が、栃木県にあ

名称	スウォーム飛行	ドローンショー
飛行形態	数十機、多い場合は数百機以上のドローンが群れを成して飛行し、与えられたミッションを遂行する。一部のドローンが飛行不可能になっても、他のドローンが編隊を再構築する。安全保障、災害救助、物流分野などでの活用が期待されている	発光する多数のドローンを夜空に飛行させることで、文字や図柄を地上の観客に見せる。2021年の東京五輪開会式では1800機以上のドローンが同時飛行した
技術概要	多数の機体が一定間隔を保って自律飛行し、ミッションを遂行するために協調して行動する。機体同士はメッシュネットワークで通信する	個々のドローンは、事前に設定されたプログラム通り、もしくは地上からの指令通りに飛行する。ドローン同士は協調動作しない

表1　スウォーム飛行とドローンショーの技術の違い
スウォーム飛行ではドローン同士が通信をしながら協調し、与えられたミッションを遂行する（表：日経クロステック）

る小山絹滑空場で行われた。これは民生分野での活用のデモではあるが、スウォーム飛行がどのようなものであるか、イメージをつかみやすくするために紹介しよう。

この実証は、千葉大学名誉教授で、自律制御システム研究所（現：ACSL）の創業者でもある野波健蔵氏が2022年に設立したAutonomy（東京・中央）が、世界トップレベルのスウォーム技術を有するインドNewSpace Research & Technologies（ニュースペース・リサーチ・アンド・テクノロジーズ、以下NRT）を招いて行ったものである。両社は2023年7月31日に、スウォーム飛行を活用した災害救済支援などのソリューション開発における協業で基本合意している。

8月1日の実証では、被災地に取り残された6～8人の生存者の状況を、合計15機のドローンがスウォーム飛行をして調査するなど、複数のシナリオでデモを行った（**図1**）。

実証ではNRTが開発した3種類のマルチローター型ドローンを使っ

図1　ドローンがスウォーム飛行する様子
NRTとAutonomyが2023年8月1日に行った実証では、最大15機によるスウォーム飛行のデモが行われた。大型ドローンから小型ドローンを空中で分離したり、発見した生存者を地上管制装置のGCS（Ground Control Station）上に表示したりした（写真：Autonomy）

た（**図2**）。エンジン式発電ユニットを搭載して最大1時間半、最大100km飛行できる大型ドローンや、最大飛行時間が50分の中型ドローン、そして20分程度しか飛行できない小型ドローンである。

小型ドローンの飛行可能距離は最大5km程度なので、単独では被災地まで飛べないケースもある。大型ドローンは小型ドローンを搭載し、空中で分離する機能を持つ。

そこで例えば、大規模災害時にスウォーム飛行で現地に向かい、上空で大型ドローンから小型ドローンを切り離し、小型ドローンが被災地の様子を近傍から詳細に撮影したり、生存者に薬を届けたりするといった活用ができるという。

一方、中型ドローンは高性能な光学および赤外線カメラを搭載するので、それらを使って被災地の生存者を上空から捜索するなど情報収集活動をする。このように機体の特徴に応じて役割を分担しながらミッションを遂行できることを示した。

図2　3種類のドローンでスウォーム飛行
実証で使用された3種類のドローン。スウォーム飛行ではドローン同士がメッシュネットワークで通信し合うため、異なる機種間でも協調が可能（写真：Autonomy）

15機を2つの編隊に分け、それらが上空で交差するデモも行われた。スウォーム飛行をしている機体同士が通信をし、位置情報を交換しているため、衝突を自動で回避できる（**図3**）。

NRTのデモでは、メッシュネットワークの通信に2.4GHz/ISM（Industrial Scientific and Medical）帯を使った。ISM帯は、国際的な取り決めによって産業・科学・医療用の機器が免許不要で自由に利用できる周波数帯である。今回の場合、離陸地点に大型のアンテナを設置し、100km先まで通信ができる仕様だったという。

リアルタイムに現場の状況に対応

スウォーム飛行では原則的に各機体が自律飛行をしており、「リーダー・フォロワー」は存在しない（**図4**）。しかし、将来的により高度な飛行を実現するために、集団の先頭などに「ナビゲーター役」を据えるというアイデアもある。

図3　地上管制装置の画面
飛行するドローンがメッシュネットワークで通信をしている様子を、地上管制装置であるGCSの画面上で確認できる（右の画面）（写真：Autonomy）

例えば、大規模な自然災害が起きて被災地の調査や生存者に薬を届けるというミッションを遂行する場合、あらかじめ指定されたルートはあるものの、災害によってルート上には新たな障害物が発生しているかもしれない。そこでナビゲーター役は飛行中にAIを使ってリアルタイムにルートを修正し、メッシュネットワークで後続のドローンにその情報を伝えたりする。

ナビゲーター役のドローンに何らかの不具合が起こった際には、瞬時に隣のドローンにその役割を引き渡すといったような機能構想も検討されているという。

中国が200機のスウォーム飛行に成功

野波氏によれば、スウォーム技術の開発で先頭を行くのは、中国とスイス連邦工科大学チューリヒ校（ETH）で、それにインドが続くという。中国とインドはやはり安全保障用途向けの開発が中心で、

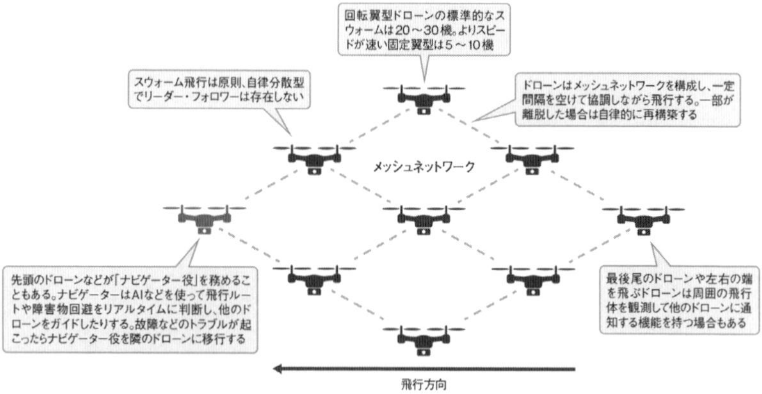

図4　スウォーム飛行の特徴
基本的に「リーダー・フォロワー」は存在しないが、集団の先頭などにAIを使って飛行ルートや障害物回避をリアルタイムに判断し、他のドローンをガイドしたりする「ナビゲーター役」を据える場合もあるという（出所：日経クロステック）

NRTの出発点もインド軍向けの開発である。

令和5年（2023年）版防衛白書にはこう書かれている。「中国は、2018年5月、中国電子科技集団公司がAIを搭載した200機からなるスウォーム飛行を成功させており、2020年9月には中国国有軍需企業が無人航空機のスウォーム試験状況を公開している。このような、スウォーム飛行を伴う軍事行動が実現すれば、従来の防空システムでは対処が困難になることが想定される」

さらに「中国軍は智能化されたスウォームによる消耗戦など、智能化された戦争のための次世代の作戦構想を模索している」とも記している。

中国が世界の先端を走っている証左の1つに、スウォーム飛行で森林を抜ける技術の開発を進めているという事実がある。「次々に現れる樹木の間のどの位置に機体の重心を持っていけば通り抜けられるのかを、深層学習済みのAIで瞬時に判断して飛行する」（野波氏）という。

こうした高度なスウォーム飛行の実現には、AIを活用した自律機能や大量の情報を瞬時に処理するオンボードコンピューティングなど技術開発の余地は大きいとみられるが、もし実用化されれば防衛側にとって大きな脅威になるのは間違いない。

理想形の実現には「大脳」が必要

一口にスウォーム飛行といっても、現段階で実現しているものはある程度人間の介在が必要で、AIが行う自律的な判断も進化の途上にある。野波氏は、自律性のクラスを5段階に分けており、現在は「あらかじめ与えたルートを自ら飛行できるが、パイロット（オペレーター）は常時待機している状態」である「クラス3」だとしている。

これが、「目的地やミッションの内容を与えれば、後はドローンが最適飛行経路を選定し、スウォーム飛行で人間の介在なしにミッションを遂行する」という「クラス5（完全自律性）」を実現するようになるのは、2030年代とみている。

同氏は、「現在のドローンには環境認識能力や意思決定能力がない。いわば、運動神経と平衡感覚のみを有する『小脳型ドローン』だ。一方、鳥や昆虫は本能的な環境認識能力、意思決定能力である『大脳』を有している。ドローンの自律性を高度化するためには、大脳に相当するオートパイロットの高度化と知能化が極めて重要になる」と話す。そのための肝となるのが、深層学習によるAIの進化である。

高度な自律性を持つスウォーム飛行の実現には、この他にも様々な技術課題がある。日本経済団体連合会（経団連）の防衛産業委員会がまとめた「攻撃型小型無人機・ドローン兵器及びスウォーム攻撃の動向」では、例えば「協調」に必要な技術例を**表2**のようにまとめている。

技術分類	概要
意思決定	●スウォーム全体としての意思決定を行う機能を実現する技術 ●個々の構成機体としてのタスク分担、機動といった自律的意思決定技術
群制御	●集合を含む、スウォームを自律的に形成する制御則 ●意図しないスウォームの分裂を防止する制御則
スウォーム内通信	●多数ノードを構成可能なネットワーク通信技術 ●ノード間中継機能を実現する技術 ●離脱や中途加入が認められるネットワーク通信技術
HMI（ヒューマン・マシン・インターフェース）	●スウォームの状態を地上管制装置で的確に把握する技術 ●地上管制装置を操作するオペレーターの意図をスウォーム全体へ伝達する技術

表2　スウォーム飛行で「協調」に必要な技術例
「意思決定」「群制御」「スウォーム内通信」「HMI（ヒューマン・マシン・インターフェース）」がある（出所：経団連がまとめた「攻撃型小型無人機・ドローン兵器及びスウォーム攻撃の動向」に掲載された表を基に日経クロステックが一部改訂）

具体的には、「意思決定」「群制御」「スウォーム内通信」「HMI（ヒューマン・マシン・インターフェース）」に関わる技術を挙げている。例えば、群制御については同一機種でもペイロード（機材や荷物の積載量）が異なる場合や、そもそも異機種でスウォームを構成する場合にその性能差を吸収してきちんと群れを形成する技術が必要になると指摘している。

将来、完全自律のスウォーム飛行が実現したとしても、運用の際には地上管制装置であるGCS（Ground Control Station）を操作するオペレーターの介在は不可避だろう。多数機から成るスウォームの状況は複雑であり、その情報を分かりやすくオペレーターに伝えたり、逆にオペレーターの意図をスウォーム全体に的確に伝達したりする必要がある。HMIはこうした運用時に、使い勝手を左右する重要な技術になる。

高出力のレーザーやマイクロ波でドローンを撃墜

現在、ドローン攻撃への対策としては各種の技術が開発されている（**表3**）。高出力レーザー（HEL：High Energy Laser）や高出力マイクロ波（HPM：High Power Microwave）を照射して撃墜する技術や、

主な対策技術	高出力レーザーで撃墜	高出力マイクロ波で撃墜	電波探知・妨害	ドローンを網で捕獲
概要	●kWクラス以上の高出力レーザーを照射してドローンを損傷・墜落させる ●国内では防衛装備庁が100kWの高出力装置の野外実証を2023年度に開始。10kWなどより低出力装置も2024年度に実証予定	●高出力のマイクロ波をドローンに照射し、電子部品や回路を誤動作させたり、壊したりする。レーザーが線での攻撃なのに対し、広範囲に対処できる ●国内では防衛装備庁が試作品を開発。現時点では実験段階	●ドローンの飛行を制御する信号やGPSの妨害電波を出して飛行を中断させる ●三菱電機の装置は最大距離が3km、水平・垂直45度の面内に入った複数ドローンに対処可能	●特殊なドローンで不審ドローンに接近し、網を放出して捕獲 ●東芝インフラシステムズがレーザーやRFセンサー、ドローンを連携させたシステムを開発

表3　主なドローン対策技術
高出力レーザーや高出力マイクロ波を照射して撃墜するタイプと、ドローンの制御信号の妨害電波を出して目標への飛行を阻止するタイプ、さらに不審ドローンに接近して網で捕獲するタイプなどがある（出所：日経クロステック）

ドローンの制御信号と同じ周波数の妨害電波を出して目標への飛行を阻止する電波探知・妨害技術、さらに不審ドローンに接近してドローンが網を発射して空中で“生け捕り”にする技術などがある。

防衛装備庁はスウォーム攻撃への対処を念頭に置いて、高出力レーザーや高出力マイクロ波でドローンを撃墜するシステムの開発を進めている。「ドローンはコストが安い割に高い効果を得られる。しかも、誘導弾など高コストの武器で対処すると、安い兵器を使って負荷をかけることを狙っている相手の思うつぼにはまってしまう」。防衛装備庁技術戦略部技術戦略課課長補佐の加藤智史氏は、ドローンの厄介さをこう表現する。

こうした攻撃に備え、低いコストで対処できると期待しているのが、高出力レーザーでドローンを撃墜するシステムである。「1発当たり数十〜数百円レベルの電気代で済む。性能によるが、数秒から数十秒に1発は撃てる」（加藤氏）。さらに、電源供給が続く限り、“弾切れ”の心配がないのが長所だ（**図5**）。

図5　高出力レーザー撃墜システム
防衛装備庁は2023年度から、出力100kWのレーザーシステムの野外実証を開始した。試作機は川崎重工が開発した（出所：防衛装備庁のYouTube公式チャンネルの動画からキャプチャー）

100kWで2km先のドローン撃墜

使用するレーザーは、撃墜する対象や射程距離によって出力が異なる。川崎重工業は出力が100kWと高いレーザー装置をトレーラータイプの車両に搭載したシステムを、2023年に防衛装備庁に納入。同庁が2023年4月から野外で実験を開始した。

このシステムの射程距離は2kmで、マルチローター型の小型ドローンのみならず、固定翼型ドローンや迫撃砲弾、ロケット弾の撃墜にも使えるという。既に迫撃砲弾への照射効果を確認済みだ。

ただし、「現在は技術を磨いている段階で、現場への配備や運用についてはまだ何も言えない」(加藤氏)としている。ちなみに、防衛装備庁は出力が数十kWクラスのレーザーシステムの研究も進めている。

世界では既に米国やイスラエルがレーザー撃墜システムを一部の現場に配備しており、実戦で使われるのもそう遠い将来ではなさそうだ。米国防総省(DoD)は出力向上に関するロードマップを策定しており、2030年までには出力200〜500kW級、2030年以降には出力MWクラスの強力なシステムの開発を予測している。ドローンのみならず、ミサイル防衛での活用を視野に入れている。

画像のAI解析でドローンを識別

2023年3月に開催された防衛・セキュリティーの総合展示会「DSEI Japan」では、三菱重工業と川崎重工業がドローン撃墜用のレーザーシステムのプロトタイプをそれぞれ出展した。

三菱重工は出力10kWの固体レーザーを使用するシステムを展示した(**図6**)。レーザーには、加工などに使われている固体レーザーの一種である「ファイバーレーザー」を使う。コアに希土類元素のYb（イッテルビウム）をドープした光ファイバーを増幅媒体として利用する装置である。レーザーの波長は近赤外域の1μm帯で、射程は1.2kmだという。

同社のブースではドローンを撃墜するテストの模様を撮影したビデオを流し、実際に撃ち落としたドローンも展示した（**図7**）。なお、大気中の水分によるレーザー光の吸収による影響については、「ある程度の降雨では大きな問題はないが、霧やもやの影響については今後確認する」（説明員）としている。

三菱重工が開発したシステムでは、内蔵する広角カメラと望遠カメラを使って的を絞る。まず、広角カメラで飛行中の物体を捉え、その画像をAIで解析してドローンを識別する。そしてレーザーと同軸に配置された望遠カメラでドローンを追尾してロックオンし、レーザーを発射する。

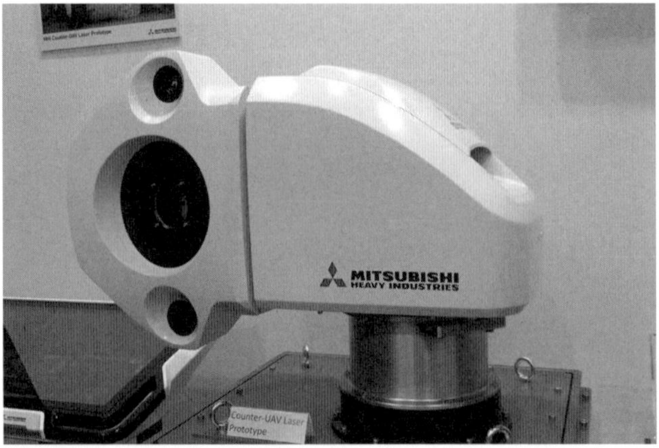

図6　三菱重工の対ドローン用レーザー撃墜システム
波長1μmのファイバーレーザーを使う。出力は10kWで、射程は1.2km。左上の小さい黒丸の部分が広角カメラで、中央の大きな黒丸の部分に望遠カメラとレーザー装置が同軸に実装されている（写真：日経クロステック）

技術的なポイントは、上空を飛行するドローンにレーザー光を正確に当てること。そのために、同社が誘導ミサイル向けに開発した画像処理技術を応用しているという。

一方、川崎重工は、同社のオフロード多目的四輪車（四輪バギー）「MULE（ミュール）」をベースにした車体に、レーザー撃墜システムを搭載したプロトタイプを出展した（**図8**）。三菱重工と同様、波長1μm帯のファイバーレーザーを使用。出力は最大2kWで、射程は数百mである。このシステムは、IR（赤外）カメラの映像を人間が見てドローンを検出し、攻撃指示を出す。システムがドローンを追尾してロックオンし、レーザーを発射する。

なお、同社が防衛装備庁に納入した100kW級のシステムは、2kWタイプと同様、1μm帯のファイバーレーザーを使っているが、レーザーの出力増大に応じて大型の電源と冷却水循環装置が必要になるため、より大型のトレーラーに搭載する必要があったとしている。

図7　実際にレーザーで撃墜されたドローン
システムから最大1.2km離れた上空を飛ぶドローンを撃墜するテストを実施した。機体のレーザー光が当たった部分が焼けて激しく損傷している（写真：日経クロステック）

スウォーム攻撃に面で対処するマイクロ波

現在は試作段階だが、スウォーム攻撃への対処能力が高いとして防衛装備庁が期待をかけるのが、高出力マイクロ波によるドローン撃墜システムである（**図9**）。マイクロ波の照射によって、ドローンの飛行を制御する回路に強い電流が流れることなどで、電子部品を破壊・故障させたり、誤動作を起こさせたりする。

「レーザーは線で攻撃するのに対して、マイクロ波は円すい形状に広がるので1回の照射で広範囲（複数機）に対処できる。さらにレーザーの場合は、光を反射する金属でドローンの表面を覆ったら熱を吸収せずに効果が出なくなる可能性がある。一方、マイクロ波の場合は通信用のアンテナやレーダーの開口部があれば、効果を発揮できるとみている」（加藤氏）

試作機は340本のマイクロ波パワーモジュールを「アクティブ・フ

図8　四輪バギーに搭載したドローン撃墜システム
四輪バギー「MULE（ミュール）」をベースにした車体に搭載した。出力は最大2kW、射程は数百m（写真：日経クロステック）

ェーズドアレー（位相配列）」化した。これによって、装置の向きを物理的に変えなくてもビーム状に発射するマイクロ波の照射方向を電子的に変更できるという。装置のサイズは約4.8m×約2.3mである。出力値は公表していない。

試作機は実験室でその効果を確認しており、1機の小型固定翼ドローンに照射して飛行不能にしたり、3機の小型マルチローター型ドローンに照射して同時に飛行不能にしたりする映像を公開している。今後、実用化に向けては、システムの小型化や高出力化などの改善が必要としている（**図10**）。

なお、防衛装備庁は2023年度からスウォーム攻撃への対処に向けて、「どのような機体が攻撃しに来ているのか、識別して脅威に見合った武器を自動で割り当てる技術の開発に着手している」（加藤氏）という。

妨害電波でドローン飛行を阻止

ドローンによる攻撃は戦場のみならず、重要施設や多くの人が集ま

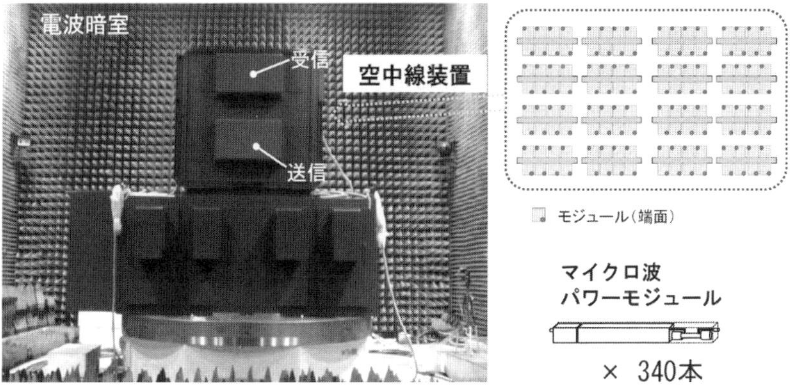

図9　防衛装備庁が試作した高出力マイクロ波発生装置
「アクティブ・フェーズドアレー（位相配列）」方式の高出力マイクロ波発生装置を試作。実験室での照射実験で撃墜する効果を確認している（出所：防衛装備庁）

るスタジアムなどへのテロにも使われる。米ABC Newsは2021年11月、米国ペンシルベニア州にある変電所の近くで2020年7月に墜落したドローンは、変電所の電子機器を破壊するために飛ばされたものである可能性が高いと報じた。このドローンは中国DJIのマルチローター機を改造したものだった。

幸い、この攻撃によって電力供給が滞ったり、変電所の設備に損害が出たりすることはなかったが、この事件の調査を担当した米連邦捜査局（FBI）、米国土安全保障省（DHS）、米国家テロ対策センター（NCTC）の3機関は、「改造ドローンを使ってエネルギーインフラを標的にした米国初の事例」と結論づけたという。

ドローン攻撃への対策システムには、先述した高出力レーザーを含め複数あるが、実用化が最も先行しているのが「電波探知妨害装置」である（**図11**）。国内では三菱電機が開発し、既に国内外の官公庁系

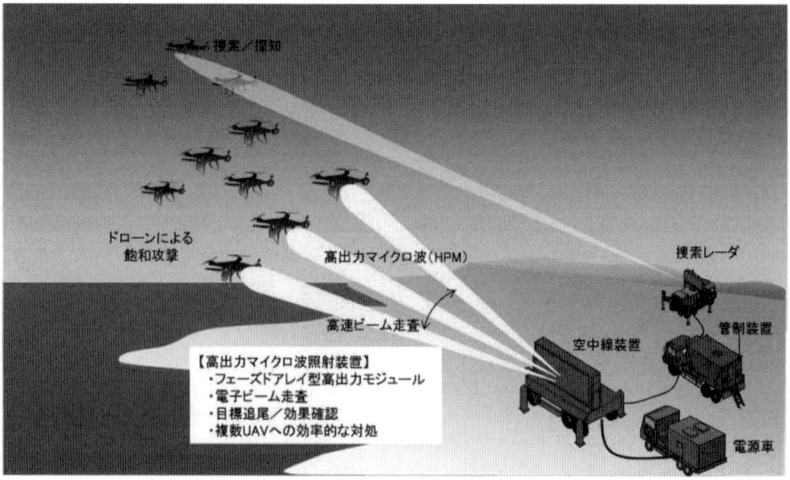

図10　高出力マイクロ波発生装置の運用イメージ
マイクロ波の高速ビームをスウォーム攻撃に対して走査する。図で、装置は空中線装置と電源車に分かれている（出所：防衛装備庁）

に納入実績がある。

電波探知妨害装置は、監視対象エリア内に侵入してきたドローンとその操作器であるプロポーショナルシステム（プロポ）間の通信を遠距離から探知し、制御信号に対して同じ周波数の妨害電波を出して干渉させ、通信を妨げる。制御信号を受信できなくなったドローンは緊急着陸をするか、自律的に出発地点に帰還していく。

電波探知妨害装置を他の方式と比較したときの最大の長所は、「覆域（探知対象エリア）内に入っていれば、高速に飛んでくる複数のドローンすべてに同時に対処できる」（三菱電機 電子通信システム製作所電磁波・情報システム部電磁波システム第四課の山本宏樹氏）点である。つまり、スウォーム攻撃にも対処できる可能性がある。

地上で2次被害を出さないのも長所の1つである。例えば、高出力レーザーでドローンを撃墜する技術の場合、もしドローンが爆弾を搭載

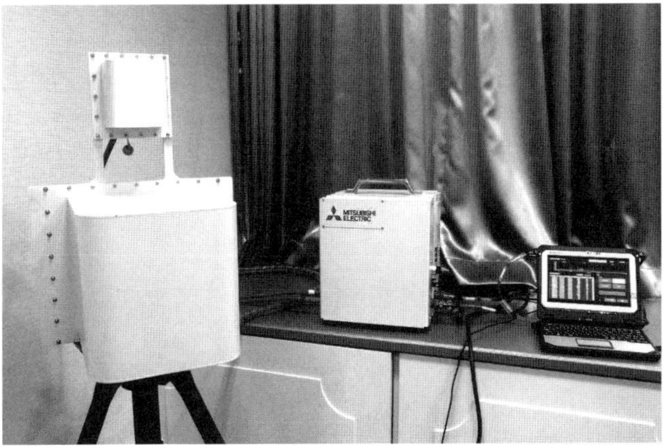

図11　電波探知妨害装置の外観
「空中線部」「送受信部」「操作部」（写真左から順）で構成される。空中線部は、送受信兼用のアンテナで電波の捕捉と発射を担う。送受信部は捕捉した電波の信号処理や送信信号の生成を行う。空中線部は幅380mm×高さ540mm×奥行き470mm、重さ約7kg。送受信部は幅300mm×高さ380mm×奥行き310mm、重さ約17kg（写真：三菱電機）

していたら、撃墜しても地上で2次被害を出してしまう危険性がある。

対象は市販のマルチローター

三菱電機の電波探知妨害装置は、1台で最大距離3km、水平・垂直45度の面内に侵入するドローンに対処できる。もし、8台を使えば360度全周をカバー可能だ。3kmという数字は、自衛隊の設備や拠点（ハブ）空港、原子力発電所などの重要施設を広域で守ることを念頭に置いて設計したという。

妨害する対象は、通信にWi-Fiを使用する民生用のマルチローター型ドローンである。周波数はWi-Fiで使われる920MHz、2.4GHz、5.7～5.8GHzに対応する。一方で、Wi-Fiを使っていない軍用などの固定翼型ドローンには対処できない。

マルチローター型ドローンとプロポ間の通信は、プロポからドローンの飛行を制御する信号を送るアップリンク（上り）と、ドローンからプロポにカメラで撮影した映像や機体情報などを送るダウンリンク（下り）で構成される。電波探知妨害装置は基本的にダウンリンク信号を受信して遠距離からドローンの存在を探知し、妨害電波を出してアップリンク信号がドローンに到達しないようにして飛行を妨害する（**図12**）。

同装置は、「空中線部」「送受信部」「操作部（パソコン）」から成る。空中線部は、送受信兼用のアンテナで、電波の捕捉と発射を担う。送受信部では、捕捉した電波の信号処理と妨害用の信号の生成を行う。大気中にはWi-Fiの周波数帯の様々な電波が飛び交っている。同装置は、そうした中から種々の受信信号を処理し、帯域幅、信号長、信号の時間間隔などの特徴量から、それがドローンであるかを判別する（**図**

13)。同社が「防衛分野の電子戦技術で培ったノウハウを活用している」（山本氏）という。

次に、送受信部で制御信号と同じ周波数の妨害電波を生成して出力

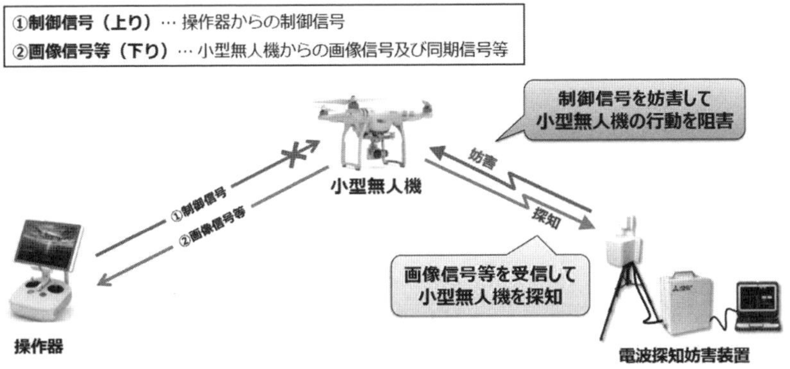

図12　電波による対処の仕組み
ドローンがプロポに向けて送っている映像信号や同期信号を探知し、プロポからの制御信号と同じ周波数の妨害波を出して通信を妨げる。ただし、装置の覆域内にプロポが存在する場合、ドローンに向けて送信するアップリンク信号も受信・解析が可能という（出所：三菱電機）

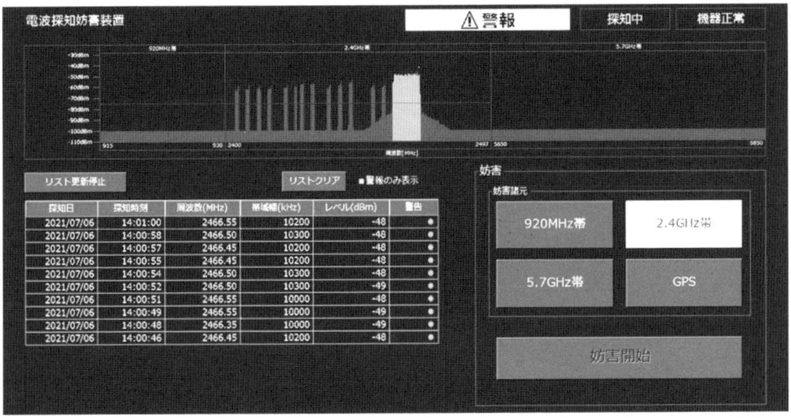

図13　ドローンの電波を探知し使用周波数を表示
ドローンの侵入を探知すると、操作部の画面にドローンが使用する周波数が表示される。また、画面の「警報」がオンになり、警報音が鳴動する（出所：三菱電機）

する。「正規のアップリンク信号に対してより大きな電力の妨害電波をかぶせると、ドローンが妨害電波に埋もれた制御信号を受信できなくなる」（山本氏）

妨害電波の出力は、920MHzと2.4GHzが4W、5.7～5.8GHzは8Wである。5GHz帯の方が大気中での減衰が大きいため、出力が高い。なお、出力の値は最大3kmの距離をカバーすることを前提に、逆算で割り出した。

スウォーム攻撃にはGPS妨害電波で

最近ではプロポを使わず、あらかじめ指定されたルートを飛ぶ自律飛行型のドローンが増えている。三菱電機の装置は、ドローンが発するダウンリンク信号を探知するので、自律飛行型であっても映像信号などを送信していれば探知が可能だ。

問題は、妨害電波の効果があるかどうかだが、ドローンの多くは紛失などを防ぐため、アップリンク信号が確立している状態でだけGPS（全地球測位システム）による自律飛行を実現できる「インターロック」機能が設定されている。このため、妨害電波を出せばアップリンク信号がドローンに到達せず、ドローンは緊急着陸か、帰還するという。

もっとも、地上との電波のやり取りは一切せず、GPS信号のみを受信して自律飛行するドローンもある。こうしたドローンの攻撃には対処できるのか。山本氏は「ダウンリンク信号を出さないドローンの探知はできないが、カメラやレーダー、目視などで侵入を探知した後、GPSの妨害電波を出してスウォーム攻撃に対処することも可能だ」と話す。

同装置はアップリンク信号と同じ周波数の妨害電波を出す以外に、

GPSの妨害電波を出す機能を標準で備えている。最大3km、水平・垂直45度の範囲で、GPS信号のみを受信して航行する自律飛行型ドローンの妨害が可能だとしている。

ちなみに、国内で電波探知妨害装置を運用する場合は「第三級陸上特殊無線技士」以上の無線免許が必要になる。さらに妨害電波発生時は3km圏外の周辺地域にもWi-Fiの電波障害などの影響が出る可能性がある。このため、国内では運用について総務省との調整が必要としている。

不審ドローンを網で生け捕り

警戒空域エリアに侵入してきた不審なドローンを“生け捕り”するという、世界に類を見ない対策システムを開発したのが東芝子会社の東芝インフラシステムズ（川崎市）だ。

2022年12月、同社は福島ロボットテストフィールド（福島県南相馬市）で、不審ドローン対策のデモを実施した。警戒空域エリアに不審ドローンが侵入すると、配備された対策用のドローンが離陸し、不審ドローンを自動で追尾。次の瞬間、対策用ドローンはネット（網）を発射して不審ドローンを捕まえ、指定の場所に安全に下ろして帰還した（**図14**）。

開発に当たって同社が重視したのは、「2次被害を出さずに安全・確実に不審なドローンを地上に下ろす」（同社電波システム事業部電波システム技術部部長の鎌田満氏）ことである。

同社によれば、高出力レーザーは屋外での使用に関する法律が存在しないため、国内で使用できるのは有事における自衛隊に限られるとみられる。また、電波探知妨害装置は、発する電波が周囲に悪影響を与える可能性があるため、住宅などが近くにあるエリアでは許可がないと使用できない。「人口密集地で警察などが使える手段としては、ネット捕獲が現実的だ」（鎌田氏）という。防衛関係の施設の警備における需要もある。

もっとも、それぞれのシステムには一長一短がある。ネットで捕獲するシステムには、複数機による攻撃に対処しにくい、捕獲できるドローンの大きさや重さに制約があるという短所がある。

開発したシステムは、検知・追尾・識別・対処の4つのスキームから成る（**図15**）。これを実現するために複数の技術を組み合わせる。長距離レーダー、RFセンサー、短・中距離レーダー、カメラ、捕獲用ドローンなどである。

短・中距離レーダーと捕獲用ドローンは、東芝インフラシステムズが2021年3月に業務提携を発表し、1500万米ドル（約22億5000万円）を出資した米Fortem Technologies（フォーテムテクノロジーズ）が提供する。一方、東芝インフラシステムズはドローンの探知に向けた長距離レーダーとRFセンサーの開発、さらに全体のシステム統合を

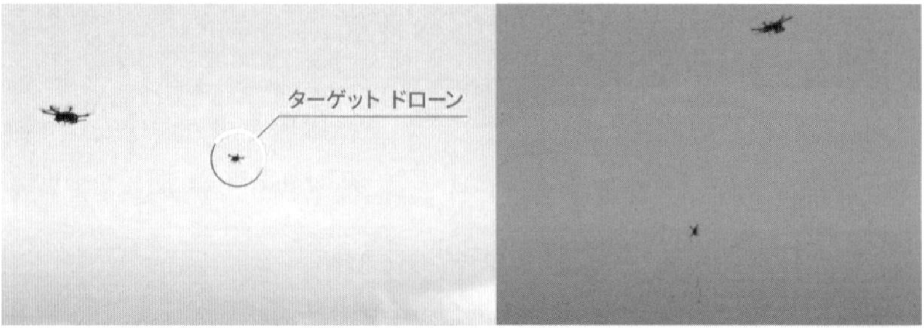

図14　不審ドローンを追尾してネットで捕獲
左の写真で「ターゲットドローン」が不審ドローン。対策用のドローンはこれを追尾し、接近してロックオンをしたらネット（網）を放出して捕獲。その後、不審ドローンを安全に地上に下ろす（写真：東芝インフラシステムズ）

担当した。

システムは以下のように動作する。まずは、長距離レーダーで飛行物体の接近を早期に把握する。探知可能な最大距離は20kmである。通常、レーダーにとってマルチローター型ドローンのような小型で低速の飛行物体は苦手な対象物である。レーダーはドップラー効果を利用して検出する。大型で高速に飛行する物体の探知は得意だが、ドローンはレーダーの電波を反射する断面積が小さい上、速度が遅くドップラー効果による周波数の変位が小さいためである。

そこで、同社はドローンに反射して返ってくる微小な電波を検出できる信号処理技術を開発し、長距離レーダーに実装した。この技術は

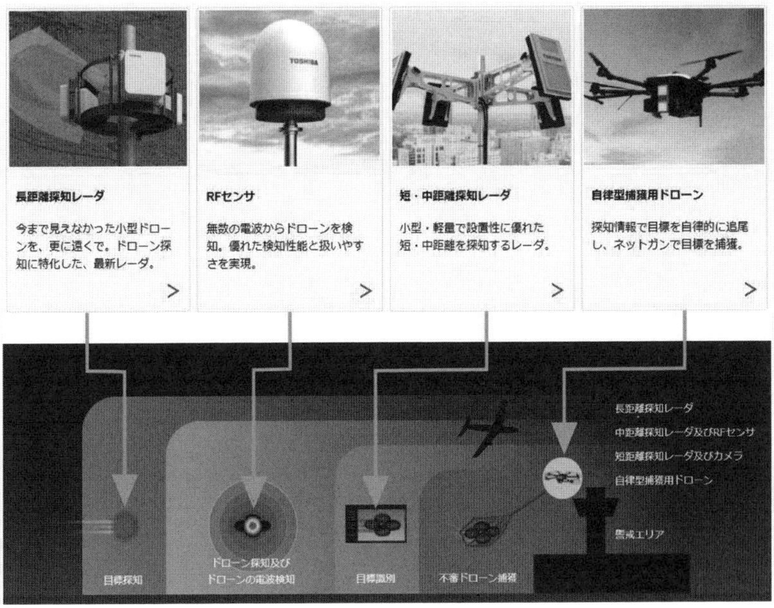

図15　対ドローン攻撃システムの全体像
長距離レーダー、RFセンサー、短・中距離レーダー、カメラ、捕獲用ドローンなどを組み合わせる。あらかじめ監視制御端末で守りたい施設に対してゾーンを設定。そこに近づくドローンを不審機と見なして対処する（出所：東芝インフラシステムズ）

特許を取得済みだという。さらにRFセンサーで不審な飛行物体がドローンであることを確認する。RFセンサーは、ドローンの操縦者が操作するプロポが発する制御信号（アップリンク）や、ドローンが映像を伝送する際の信号（ダウンリンク）を、無数の電波が飛び交う中から検出する。RFセンサーの検知距離は最大4km。1台で360度全周をカバーするのも特徴である。

飛行物体を追尾するレーダーは距離によって使い分ける必要がある。このため、不審ドローンがさらに近づいてきたら、最大1.8kmの距離があっても検出できる中距離レーダー、最大800mの短距離レーダーに切り替えて追尾する。同時にカメラで不審ドローンを撮影し、監視制御端末に搭載された独自のAIで画像を分析。その種類や大きさ、動きなどから目標の脅威度を評価する。

監視担当者が「脅威である」と判断した場合は、捕獲用ドローンの発進命令を出す。すると、ドローンが自動的に離陸し、不審ドローンの元へ向かう。目標を自動追尾するとネットを放出してプロペラをからませて捕獲。あらかじめ指定した場所に運んで安全に下ろす。その後、捕獲用ドローンは元の場所に戻る。不審ドローンを生け捕りにすることで、所有者の推定などがしやすくなるという。

レーダーで捕獲対象を正確に追尾

捕獲用ドローンは重さ20kgで、短距離レーダーとカメラを搭載している（**図16**）。短距離レーダーを載せているのは、自律的に飛行しながら対象を追尾してネットで捕まえるには、機体からレーダーを正確に当てて測距する必要があるからだ。地上のレーダー情報だけでは誤差が大きすぎるという。

ネットを発射するタイミングは、ドローンに搭載したコンピューターでリアルタイムに計算して判断する。なお、捕獲用ドローンの飛行時間や、捕獲できるドローンの大きさ、重さなどの情報については非公開としている。

東芝インフラシステムズは、このシステムの販売対象として、防衛施設や空港、発電所、刑務所などを想定している。導入に際しては、現場のニーズや守りたいエリアの大きさなどに合わせて、レーダーの種類や設置数などをカスタマイズする必要があるという。

捕獲システムをモバイル対応に

さらに同社は、2023年10月に開催された「テロ対策特殊装備展（SEECAT）'23」で、専用ケースに入れて車両で持ち運べるドローン捕獲システムを披露した（**図17**）。

使用する捕獲用ドローンは同じだが、新たに電池駆動が可能な最大

図16　捕獲用のドローン
短距離レーダーとカメラを搭載する。中央の銀色の長方形が短距離レーダーで、その両隣の黒い部分がネット放出機構。ドローンの寸法は2000mm×1700mm×700mm、重さは20kg。2022年10月に発売済み（写真：東芝インフラシステムズ）

探知距離1.8〜2.0kmの中距離レーダーを開発するとともに、その情報処理をサーバーでなくノートパソコンでできるようにして、モバイル対応にした。同社はこれを「可搬型カウンタードローンシステム」と呼んでいる。

展示ブースの背景のイラストは、戦場で兵士が操作している様子を描いたもので、部隊が局面に応じて移動する戦場などでの活用も視野に入れているようだ。

図17　モバイル対応のドローン捕獲システム
電池駆動が可能な最大探知距離1.8〜2.0kmの中距離レーダーを開発するとともに、その情報処理をサーバーでなくノートパソコンでできるようにした。東芝インフラシステムズは「可搬型カウンタードローンシステム」と呼んでいる（写真：日経クロステック）

2 サイバー攻撃の脅威——穴だらけの日本に迫る危機

「日本がウクライナ戦争から学ぶ必要があると考えているのは、まずは『サイバー』だ。今後何かしらの有事が現実に起きる前に重要インフラなどに対するサイバー攻撃が仕掛けられる。実際、ロシアが2022年2月24日にウクライナへ侵攻する前からサイバー攻撃が始まっていた。米国もそれを分かっていて、侵攻前からサイバー軍を派遣していたことを米軍のトップが証言している」。

元防衛装備庁長官で、現在は防衛技術協会理事長の渡辺秀明氏は、ウクライナ戦争の教訓の1つとしてサイバー防衛の重要性を指摘する。

世界各地で発生するサイバー攻撃について常時調査しているトレンドマイクロによると、ロシアのウクライナに対するサイバー攻撃は以前から激しく実施されていたものの、2022年1月に入ってからはさらに激化したという。ウクライナ国内の攻撃対象は、政府機関や軍、メディア、重要インフラなど幅広い。

例えば、2022年1月13日には、ウクライナ政府機関の多くのWebサイトがサイバー攻撃を受け、コンテンツの改ざんやマルウエア（悪意のあるプログラム）によるシステム破壊の被害を受けたという。トレンドマイクロは、ウクライナ国民に動揺を与えることが目的だったと推測する。

さらに侵攻前日の2022年2月23日や当日の2月24日には、ワイパー（Wiper）と呼ばれる種類の攻撃型マルウエアが発見されたり、実際に被害が出たりしたという。ワイパーは、標的とするシステムに侵入し、データを消したり暗号化したりすることを目的としたプログラムだ。

ランサムウエア（感染したコンピューターをロックしたり、ファイルを暗号化したりすることによって使用不可能にした後、元に戻すことと引き換えに「身代金」を要求するメッセージを表示するマルウエア）とは異なり、ワイパーによって暗号化されるとデータを復号できないため、攻撃を受けたシステムやデータは使用不可能になってしまう。目的はお金ではなく相手への攻撃だ。

台湾のセキュリティー企業である奥義智慧科技（CyCraft Technology）と台湾当局の資安卓越中心（CCoE：Cyber Security Center of Excellence）の共同研究結果によると、これまでウクライナ戦争で実施されたサイバー攻撃は、軍事衝突中の日常業務を妨害し、復旧不可能などの大きな損害を与えるために、相手国の主要組織を標的とすることが多かったとしている。

米Microsoft（マイクロソフト）は「WhisperGate（ウィスパーゲート）」という新種のワイパーを発見した。同社がこれを調査した結果、攻撃者はOS（基本ソフト）の起動に必要な情報が書かれたマスターブートレコード（MBR）の消去やディスク内容の上書き、ディスク・ユーティリティー・ソフトの悪用、プログラムの上書きなどを実行することが判明したという。

サイバー攻撃・活動に4つのタイプ

トレンドマイクロは、ロシアのウクライナ侵攻に関連するとみられるサイバー上での攻撃・活動を、以下の4つに分類して調査している。(1) Sabotage（サボタージュ）、(2) Espionage（エスピオナージ）、(3) Influence Operation（インフルエンスオペレーション）、(4) ハクティビスト（社会的・政治的な主張を目的としたサイバー攻撃を行う者・集団）による活動、である（**表4**）。

（1）のSabotageはインフラ設備などの稼働をワイパーなどの攻撃型マルウエアを用いて妨害する攻撃、（2）のEspionageは外交・軍事情報などを秘密裏に窃取する攻撃である。

また、（3）のInfluence OperationはSNSやメディアを通して操作された情報を流布し、世論に影響を与える活動。そして、（4）のハクティビストによる活動には、敵対国への「DDoS（Distributed Denial of Service、分散型サービス拒否）攻撃」や情報窃取、暴露攻撃などがある（**図18**）。

Webサーバーなどに対して、大量の通信を発生させることで正常なサービス提供を妨げることを「DoS（Denial of Service）攻撃」と呼ぶが、DDoS攻撃はマルウエアで乗っ取ったパソコンなど複数の機器（踏み台）から、より大量の通信を発生させて標的となるシステムを動作不能にする攻撃である。

こうしたサイバー攻撃はもちろん、ウクライナ侵攻後も続けられている。例えばトレンドマイクロによれば、Sabotageの一例として、

分類	内容
Sabotage	インフラ設備などの稼働を、ワイパーなどを用いて妨害する攻撃
Espionage	外交・軍事情報などを秘密裏に窃取する攻撃
Influence Operation	SNSやメディアを通して操作された情報を流布し、世論に影響を与える活動
ハクティビストによる活動	サイバー上のコミュニティーによる敵対国へのDDoS攻撃や情報窃取・暴露攻撃

表4　ウクライナ侵攻に関連するサイバー攻撃・活動の分類
トレンドマイクロによる、ウクライナ侵攻に関連するとみられるサイバー上での攻撃や活動（出所：トレンドマイクロの資料を基に日経クロステックが作成）

2022年4月8日にウクライナの高圧変電所に対して「Industroyer（インダストロイヤー）2」や「CaddyWiper（キャディーワイパー）」といったマルウエアが送りつけられた。停電を引き起こすことが目的とみられるが、ウクライナ政府の「CERT-UA（Computer Emergency Response Team of Ukraine）」やマイクロソフトなどの対応によって、実質的な被害は出なかったと報告されている。

JR東やパナソニックにDDoS攻撃

トレンドマイクロは、ウクライナ侵攻開始から約1年が経過した時点でもハクティビストが活発に活動していることも確認している。ハクティビストは40以上あり、その中にはロシアへの支持を表明しているグループも存在しているという。この多くは、メッセージアプリの「Telegram（テレグラム）」を使用して、情報を共有したり、犯行声明を発表したりしているという。

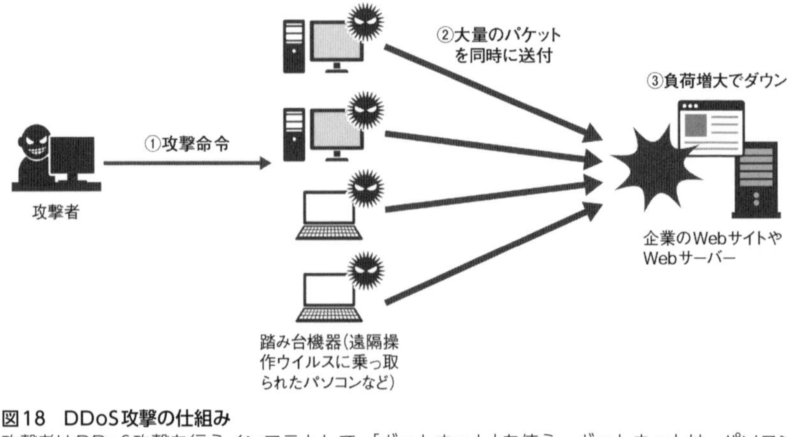

図18　DDoS攻撃の仕組み
攻撃者はDDoS攻撃を行うインフラとして、「ボットネット」を使う。ボットネットは、パソコンなどの機器に感染したマルウエア（ボット）が構成するネットワークである。攻撃者はボットネットに遠隔で指令を送ることで、感染させた機器から標的とするシステムに大量のパケットを送りつけてダウンさせる（出所：トレンドマイクロの資料を基に日経クロステックが作成）

日本も、ロシアを支持するハクティビストからDDoS攻撃を頻繁に受けている。例えば、2023年2月6日に日本政府がロシアに対する追加制裁を発表した後には、「NoName（ノーネーム）057（16）」というハクティビストが制裁への報復として日本の主要組織などにサイバー攻撃を仕掛けると宣言。同2月中旬に、JR東日本、みずほ証券、パナソニックなどのWebサイトにDDoS攻撃を仕掛けたと発表した。実際にJR東日本のWebサイトの一部では、同2月16日につながりにくい状況が続いた。

また、同年3月21日に岸田文雄首相がウクライナを訪問してウォロディミル・ゼレンスキー大統領と会談し、4億7000万米ドル（約705億円）を追加供与する方針を伝えた直後の同年3月23日に、NoName057（16）が報復として鉄道事業者に対するサイバー攻撃を宣言。実際にJR東日本のWebサイトにDDoS攻撃を仕掛けたと発表した。

サイバーセキュリティーの専門家であるサイバーディフェンス研究所（東京・千代田）専務理事上席分析官の名和利男氏は、「ロシアのサイバーテロリストは、ウクライナ支援に対して過剰反応してDDoS攻撃を仕掛けている。その反応も速くなっており、攻撃が進展している」と分析する。

政府が大胆施策「能動的サイバー防御」

「相対的に露見するリスクが低く、攻撃者側が優位にあるサイバー攻撃の脅威は急速に高まっている。サイバー攻撃による重要インフラの機能停止や破壊、他国の選挙への干渉、身代金の要求、機微情報の窃取等は、国家を背景とした形でも平素から行われている。そして、武力攻撃の前から偽情報の拡散等を通じた情報戦が展開されるなど、軍事目的遂行のために軍事的な手段と非軍事的な手段を組み合わせるハイブリッド戦が、今後更に洗練された形で実施される可能性が高い」。

ウクライナ戦争でのサイバー攻撃の激化などを踏まえ、日本政府が2022年12月に策定した「国家安全保障戦略」では同攻撃について上記のように言及し、サイバー安全保障での対応能力向上の必要性を訴えた。

そして、欧米主要国と比較して遅れているサイバー安全保障分野での対応能力を「同等以上に向上させる」という高い目標を掲げた。背景にあるのが、中国やロシア、北朝鮮が既に強力なサイバー攻撃能力を持っており、それをさらに高めているという事実である。

国家安全保障戦略に盛り込まれた内容で、サイバーセキュリティーの専門家を驚かせたのが、「能動的サイバー防御」の導入を宣言したことだ。同戦略には能動的サイバー防御についてこう書かれている。

「武力攻撃に至らないものの、国、重要インフラ等に対する安全保障上の懸念を生じさせる重大なサイバー攻撃のおそれがある場合、これを未然に排除し、また、このようなサイバー攻撃が発生した場合の被害の拡大を防止するために能動的サイバー防御を導入する。そのために、サイバー安全保障分野における情報収集・分析能力を強化するとともに、能動的サイバー防御の実施のための体制を整備する」。

これはある意味、専守防衛というこれまでの原則を覆す行為とも捉えられる。日本では専守防衛の観点に立ち、攻撃を受ける前に対抗措置を取るのは困難とされてきたが、能動的サイバー防御では、攻撃者の情報を収集して分析し、重大なサイバー攻撃の恐れがある場合は、未然に攻撃者のシステムに侵入して無害化などをするとした（**図19**）。

国家安全保障戦略では能動的サイバー防御の実現に向けて、**図20**

の（ア）から（ウ）までの3つについて検討を進めるとした。なお、脅威情報を集約して分析するのは、現在の内閣サイバーセキュリティセンター（NISC）を発展的に改組した組織になるとみられている。

ただし、能動的サイバー防御というこの言葉の定義については国家安全保障戦略で触れられておらず、具体的な内容や実行体制については、現段階では不透明なままである。この行為自体が現在の法律では

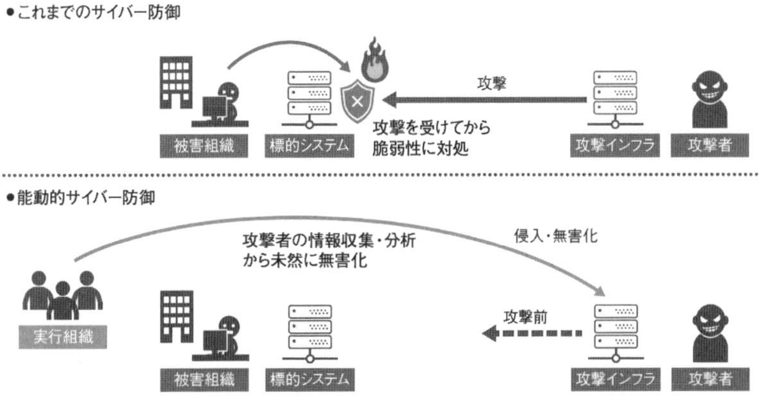

図19　従来のサイバー防御と能動的サイバー防御の違い
これまでは標的システムが攻撃を受けてから脆弱性に対処していたが、能動的サイバー防御では“重大”な攻撃を受ける前に攻撃者のシステムに侵入して無害化したりする（出所：JPCERTコーディネーションセンターの図を基に日経クロステックが作成）

(ア) 重要インフラ分野を含め、民間事業者等がサイバー攻撃を受けた場合等の政府への情報共有や、政府から民間事業者等への対処調整、支援等の取組を強化するなどの取組を進める。

(イ) 国内の通信事業者が役務提供する通信に係る情報を活用し、攻撃者による悪用が疑われるサーバ等を検知するために、所要の取組を進める。

(ウ) 国、重要インフラ等に対する安全保障上の懸念を生じさせる重大なサイバー攻撃について、可能な限り未然に攻撃者のサーバ等への侵入・無害化ができるよう、政府に対し必要な権限が付与されるようにする。

図20　能動的サイバー防御の実現に向けて必要な措置
国家安全保障戦略に書かれた、実現に向けて必要な３つの措置（出所：国家安全保障戦略）

違法になるとの指摘もあり、法改正を含めた様々な議論が必要になる。

サイバーディフェンス研究所の名和氏は「(日本にサイバーセキュリティーの）基礎力もないのに、すごく飛躍した話をしている印象を受ける。これから大学受験をすると言っている人が、実は中学入試にも受からないほどの実力しかないようなもの」と手厳しい。

能動的サイバー防御実現に高い壁

「能動的サイバー防御は英語で『Active Cyber Defense』（ACD、アクティブ・サイバー・ディフェンス）と書かれているが、この言葉を使っている米国や英国は、『Offence（攻撃)』という意味で『Active』という言葉を使っていない」

セキュリティーソリューションの戦略立案をしている、NECサイバーセキュリティ戦略統括部セキュリティ技術センターインテリジェンスグループの郡義弘氏は、先行する米英では「Active」と「Offense」が区別されているが、日本ではその区別がないまま議論が進んでしまった印象を受けると指摘する。

同氏によれば、サイバーセキュリティー分野における「Active」な防御は、ファイヤーウォールや侵入検知システム（IDS：Intrusion Detection System）など「Passive（受け身)」な防御の対比的な手法を指し、攻撃の意味は含まない（**図21**)。

具体的には、「脅威ハンティング」、つまり自分の組織に既に脅威が存在することを前提として、セキュリティーアナリストの知識やネットワーク上の各種機器のログなどを活用・分析し、潜在的な脅威や侵害を洗い出す手法・活動である。

ACDという言葉は、米国防総省（DoD）が2011年に発表したサイバー戦略文書で初めて登場した。同省のネットワークを守るために、脅威情報の活用によって攻撃被害が出る前にリアルタイムな検知・阻止を目指すプロアクティブな防御アプローチであり、同文書では「Offense」には言及していないという。

一方、米サイバー軍は「Defend Forward」という名称でOffenceを実施している。「Defend Forward」は一歩踏み込んだ防御で、悪意あるサイバー攻撃活動を初期段階で積極的に妨害・阻止する。これによって攻撃者側のコストを上昇させ、結果として攻撃を緩和させる取り組みを指す。米サイバー軍は、ウクライナとの連携の一環として、ロシアに対する防御を目的としたサイバー攻撃の実施も明らかにしている。

能動的サイバー防御は世界基準で見ると「Offence」の要素を含むと考えられるが、現状では定義が明確化されていない。NECの郡氏は「いくつか重要なポイントがあるが、やはり気になるのは『Offense』をどう扱うかだ」と語る。実現に向けてこの部分に対する議論をしっ

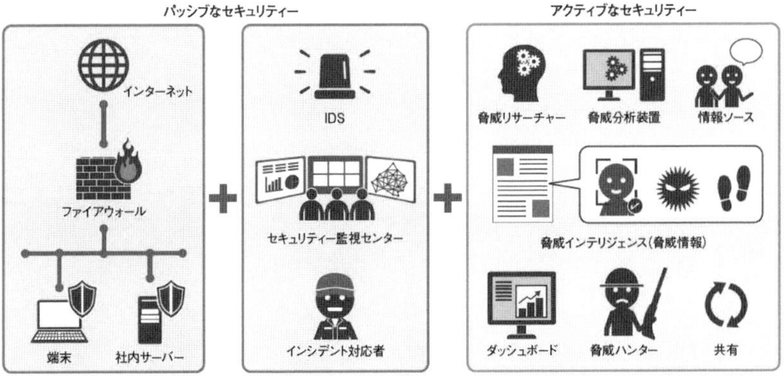

図21　Passiveな防御とActiveな防御
Activeな防御は脅威ハンティングなどによって潜在的な脅威や侵害を洗い出す手法である。Offenceとは意味合いが異なる（出所：NEC）

かりしていく必要がある。

さらに、未然に脅威を排除するかどうかの基準をどのように定めるのか、侵入・無害化という行為について法律上はどのようにクリアするのか、など疑問点は多い。

NECの郡氏は「効果測定も難しい」と指摘する。防御であればログが残るので、対策の効果を評価しやすいが、攻撃を未然に防いだかどうかをどのように評価するのか。実現には技術面、法律面など課題が多そうだ。

インタビュー

サイバーディフェンス研究所 **名和利男**氏

サイバー攻撃の兆候すら検知できない日本の危機

陸・海・空・宇宙に次ぐ「第5の戦場」ともいわれる、サイバー空間における脅威が急速に高まっている。ロシアによるウクライナ侵攻でも、侵攻以前からウクライナに対するサイバー攻撃が激化していたことが確認されており、その手法も高度化・多様化している。日本も将来の有事に備え、サイバー防衛体制の強化が喫緊の課題となっているが、欧米などに大きな遅れを取っているのが現状だ。サイバー攻撃の実態に詳しい、サイバーディフェンス研究所専務理事上級分析官の名和利男氏に聞いた。

名和利男氏

海上自衛隊において護衛艦のCIC（戦闘情報中枢）業務に従事した後、航空自衛隊で信務暗号・通信業務／在日米空軍との連絡調整業務／防空指揮システムなどのセキュリティー担当業務に従事。その後、国内ベンチャー企業のセキュリティー担当、JPCERTコーディネーションセンター（東京・中央）早期警戒グループのリーダーを経て、サイバーディフェンス研究所に参加。現在はサイバーインテリジェンスやアクティブディフェンスに関する活動を強化中（写真：日経クロステック）

――政府が2022年12月に策定した「国家安全保障戦略」で導入を宣言した「能動的サイバー防御」（攻撃者の情報を収集して分析し、重大なサイバー攻撃の恐れがある場合は、未然に攻撃者のシステムに侵入して無害化したりする防御法）についてどのようにお考えですか。

端的に言えば、まったく飛躍した話に思えます。これから大学を受験すると言っている人が、実は中学入試に合格する実力もないのと同じです。能動的サイバー防御は、「これは（重大なサイバー攻撃の恐れがあることが）確実だ」という高度な分析や判断ができてないと実施できませんが、日本は、その能力をまだ整備または保有していません。

能動的サイバー防御は、英語で「Active Cyber Defense（ACD）」と呼ばれます。これを政策レベルに反映させているのは米国と英国だけです。実際に深刻なサイバー攻撃を受けた経験を持つドイツ、エストニア、ジョージアなどは、ACDを実行するより「受動的サイバー防御（Passive Cyber Defense）」を優先しています。

ドイツは既存の「Fortified Cyber Defense（FCD、フォーティファイド・サイバー・ディフェンス）」という戦略で防御能力の強化を図っています。一方、ジョージアやエストニアなどは「Resilient Cyber Defense（RCD、レジリエント・サイバー・ディフェンス）」を選択し、何かが起こった場合にすぐに元に戻すことに注力しています。

米国はACDをかなり成熟化させています。2022年には、国土安全保障省（DHS）のサイバーセキュリティー・社会基盤安全保障庁（CISA）がインシデントレスポンスのプレーブック（指南書）を出し、そこの準備段階の項目に、例えば「カナリアトラップ」（大量の偽ファイルを生成して本当に重要なファイルを隠す方法）を導入しましょう、などと書いています。

これがACDの現実解なのですが、日本では報道されているような「ハックバック」（攻撃者のコンピューターデバイスをハッキングすることで反撃すること）だけに対しての注目が集まっている印象を受けます。さすがに米国でも、ハックバックは次の次の段階であって、その前にやるべきことはたくさんある。ACDをカテゴライズして対策を進めています。

日本ではなぜか議論が飛躍してしまい、中間にあるべき機能がないのが現実です。私も含めて、安全保障領域のサイバーセキュリティーに関与している方々は、もっと論文を読んで勉強する必要があると、正直に思っています。

――日本ではなぜ、そうなってしまうのでしょうか。

切迫したニーズが強過ぎるからではないでしょうか。加えれば、これまではそのような研究をするための原資がほとんどありませんでした。国家を守るためのテクノロジーを導入する前の状況認識を固めるために行う研究が、今の要求に応えるようなレベルと品質で行われてきませんでした。ちょっと寂しいです。

これがウクライナだと、ロシアを中心とした国家アクターによる「運用的なサイバー活動（Cyber Operations）」や、サイバー犯罪者による様々な形態の「技術的なサイバー攻撃（Cyber Attacks）」に関する状況報告や分析書がたくさんあります。日本には、これまで経験してきたサイバー脅威に関する正確な記録や分析書が非常に少ないのです。

侵攻前に高まったロシアからのサイバー攻撃

――話題は変わりますが、ウクライナ侵攻に伴うロシアのサイバー攻撃を、名和さんなどサイバーセキュリティーの専門家はどのように分析しているのでしょうか。

2022年2月24日に、ロシアがウクライナに侵攻するその8カ月以上前に、世界のマネージド・サービス・プロバイダー（MSP：顧客の様々なタスクや機能の継続的な監視や保守を引き受ける外部委託企業）などに対してロシアから情報窃取攻撃がありました。もちろん、それ以前にもありましたが成功率は低く、まれに成功するとその攻撃者が米国の司法省から指名手配されて、ロシアから海外に出国できなくなって残念な人生を送るのがパターンでした。

つまり、米国の経済圏におけるデータ窃取というのはロシアの犯罪集団にとってはハイリスク・ハイリターンでした。しかも中国と比較して、ロシアの攻撃能力は落ちてきています。

ところが、侵攻開始8カ月前に、ロシアからいきなり果敢な攻撃が始まったような出来事が相次いで確認されました。この変化にサイバーセキュリティーやサイバー安全保障の専門家は驚き、急いで集まって互いの知見や経験を何度も共有しました。

2021年10月からは、攻撃がウクライナに集中し始めました。その状況分析は複数の国々の専門家が行っていました。そして同年のクリスマスの時期には、米国が「ロシアはこの日に侵攻を開始する可能性がある。根拠はこれだ」と言い始めました。

こうした攻撃は今後さらに激化するだろうということで、ウクライナ政府は重要なデータベースのクラウドへの移行を秘密裏に決断し、実際、侵攻前に成功させました。この経験は、2008年にロシアから軍事侵攻を受けたジョージア（旧グルジア）からもたらされました。

ジョージアが侵攻された当時は、ジョージア国内のIT（情報技術）の依存度はさほど高くありませんでした。しかし、ジョージア出身の米国在住者の提案を基に有識者・専門家で議論した結果、国家レベルのシステムを米国のジョージア州のデータセンターに移管しました。これは「ジョージア to ジョージア」と呼ばれています。

ロシアによるウクライナ侵攻前までの攻撃は、破壊型はほとんど確認されず、情報窃取が非常に目立ちました。それを裏付けるようにダークウェブの闇市場（アンダーグラウンドマーケット）では、（流出アカウントの需要が増大し）ID・パスワードを売る人が急激に増えて単位当たりの価格が急上昇しました。言語は、ほとんどがロシア語です。

一方、この時期の前後で、ランサムウエア（感染したコンピューターをロックしたり、ファイルを暗号化したりすることによって使用不可能にした後、元に戻すことと引き換えに「身代金」を要求するメッセージを表示する悪意のあるプログラム）による攻撃を仕掛けるお金目当ての集団の動向変化はあまり見られませんでした。となると、これは消去法で国家アクター、つまりロシア政府によるサイバー空間における戦争準備と見るのが自然であると、共同でリサーチしている欧州や米国の仲間らと認識を共有しました。

情報戦とサイバー戦を組み合わせた斬新な攻撃

——実際の戦争に備えて政府系など様々なWebサイトのID・パスワードを大量に窃取したというわけですね。

ロシア国内には「サイバー攻撃」「サイバー空間」という概念はありません。「情報空間」のみです。これは北大西洋条約機構（NATO）や国連の分析にもあります。

情報（データ）を扱うのは機械と人間です。機械の情報を書き換えるとか、あとは間違った情報を与えることによって機械は間違った動きをする。ロシアはそれとまったく同じ概念で、情報空間において、国民に対してはプロパガンダ（宣伝活動）、他の国に対してはコグニティブウォーフェア（認知戦争：物理的な兵器や兵隊を一切使用せずに、相手国の政府を転覆させること）を仕掛けています。こうした行動変容を起こすための情報戦を数十年以上行っているので、それを実行・計画できる人材が豊富にいると思われます。

今回、ウクライナ侵攻が始まってから2022年5月8日までの間は、当初から計画されていたと思われる攻撃が順番にやってきて、その大半が成功しているように見えました。情報戦とサイバー戦を組み合わせた斬新な攻撃です。人間の行動に影響を与えるという、これまでの一般的なサイバー攻撃にプラスアルファをした攻撃によってそれなりの効果を得ていました。

例えば、こうした攻撃を通じて、ウクライナで過去に先祖が同化政策を受けたポーランド系住民が、心理的な影響を受けて、わずかな数ですがウクライナから出国しました。ウクライナにとっては貴重な戦力である国民の一部を失ったことになります。

ロシアにとっては、これはほんのわずかな成功で、戦局を優位にしたというものではありません。このように、ロシアが異なる攻撃手法を有機的に組み合わせて実行したという事実、そして、それによっていくばくかの結果を出したことは、将来におけるサイバー脅威の形態を見積もる上で、1つの知識として蓄積・共有すべきものであると思っています。

台湾有事2025年説の背景

――仮に台湾有事が現実に起きるとすると、そのような計画されたサイバー攻撃が侵攻前に日本へもやってくるということですね。

はい。ウクライナが経験した攻撃の数倍ぐらい威力のあるものが日本に来ることは間違いないだろうと考えています。つまり、日本はウクライナが行った数倍以上の努力と準備をしないと間に合わないと、幾つかの国が心配しており、一緒に連携活動を始めようとしています。

台湾有事ですが、多くの専門家の間では2025年以降と観測されています。これは中国の動向に加えて、米国の動きから推定されているものもあります。

2023年1月に、米国領のグアムにある海兵隊基地「キャンプブラズ」で再発足式が開かれました。2024年12月までに、沖縄県に駐留する海兵隊員約4000人以上がここに移転を予定しているためです。

既にグアムには米国のアンダーセン空軍基地があるのに、海兵隊が大規模に移転するとなると、中国にとっては大きな脅威になるはずです。有事の際に即時性が出てくるからです。さらに、2023年5月にはグアムに配備を予定している360度のミサイル防衛基地の環境アセスメントが始まりました。

これ以外にも要因はありますが、多くの専門家が台湾有事は2025年以降に起こり得るという仮定シナリオを立てて、準備を進めています。

欧州の一部では、これまでITインフラの確立に、多くのロシア人エンジニアが貢献してきました。低コストで高品質のソフトウエアを開発できるためです。しかし、今回のような戦争の際に、そのマイナス面が出てきました。ドイツやノルウェー、スウェーデンなどの欧州各国が深刻なサイバー攻撃を受けたのです。ロシアには、こうした攻撃対象国のシステムを開発した経験を持つエンジニアが多くいるからです。

実際、スウェーデンでは何回も電車が止まっていますし、物流にも影響が出ています。ドイツでは通信会社や病院、政府系の住民サービスなどが停止に追い込まれる、といった被害が出ています。

これは日本にも当てはまります。日本のITシステム開発には多くの中国人エンジニアが関わっています。有事の際には、こうしたエンジニアの知見が中国政府に活用される懸念があります。

――2023年5月に中国のサイバースパイグループ「Volt Typhoon（ボルトタイフーン）」がグアムなどの米国インフラをサイバー攻撃したそうですが、Volt Typhoonはどのような集団なのでしょうか。

中国の国家アクターで、「サイバーエスピオナージ（サイバー空間上で政府機関や企業から機密情報を盗み出す攻撃）」を得意としています。2021年半ばから活動を開始し、通信やIT、製造、公益事業（電力、水道など）、交通／輸送、建設、政府系など、様々な分野の組織を標的にしています。その能力の進展ぶりには、恐ろしいものがあります（**図A-1**）。

例えば、Volt Typhoonはグアムの軍備増強や海兵隊の移動に関して、その事実が速報された2021年6月に、どこかからか窃取したID・パスワードでWebサイトにハッキングをしましたが、3カ月後の同年9月には脆弱性を攻撃できるようになりました。そして2023年6月にはゼ

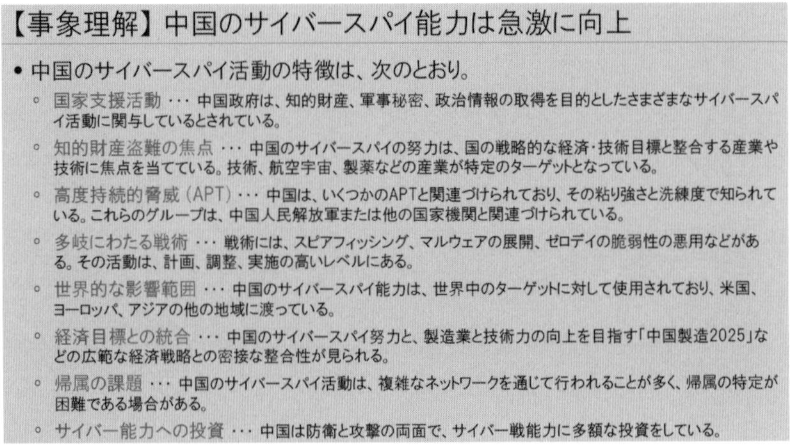

図A-1　名和氏による中国のサイバースパイ活動の分析
（出所：サイバーディフェンス研究所）

ロデイ攻撃（発見された脆弱性を解消するための対策が提供される前に行われるサイバー攻撃）を使うようになりました。

これは、小学校に入学したばかりの生徒がたった2年間で大学卒業レベルにまで成長したといえるほどの進化です。こうした進化はロシアにはあまり見られず、中国ならではのものです。だから、様々な国の外交・安全保障、サイバーセキュリティーの専門家たちが中国をかなり警戒しています。日本と比べると、人材の厚みも含めその能力は比較にならないほど高いです。

――日本のサイバー防衛能力は欧米と比べて大きな遅れを取っているようですが、ウクライナが2014年にロシアから侵攻を受けた後にやったように、米国の専門家の協力を仰ぐなどするのが、現実的な対策なのでしょうか。

そう思います。各種報道に見られるように、米国は日本に協力する姿勢を見せています。同時に、日本へ情報提供をすると、それが漏洩することを米国は懸念しているようです。

一方、ウクライナには一元化された情報機関があり、サイバーセキュリティーの専門家も数多く関与している様子がうかがえます。そして、防衛に関するシステムや組織体制の透明性と成熟度を高めるための戦略・計画に説得性があります。

他の隠れた理由もあると思いますが、このようにウクライナ自らが多大な努力をしているからこそ、米国などの西側諸国の様々な領域から情報支援が得られているのだと思います。

日本は、国家規模や地政学的リスクの高さの割には、安全保障の文脈で努力をしているサイバーセキュリティーの専門家が非常に少なく、複数の省庁に分散した「情報機関の一部機能を持つ組織や部門」も、サイバー脅威に係る状況認識や分析の能力が乏しいと言わざるを得ません。米国などの西側諸国から適切な情報支援を得るには情報保障の成熟度を高めなければならないのに、制度や人の意識に根強く残存する「レガシー」が強くブレーキをかけています。これはかなり危機的な状況だと考えています。

――日本が台湾有事などへの備えとしてやるべきことは多いですが、まず何から取り組むべきでしょうか。

今、塞いでいる目・耳・鼻をきちんと開いて、目の前にある脅威をちゃんと見る必要があります。すべてはそこから始まります。他の国々はだからこそ、情報機関と隣接またはその内部に国家サイバーセキュリティーセンターをつくり、遠方から迫る脅威を慎重に把握・理解する努力を積み重ねています。これにより、近い将来に発生し得る脅威を高い確度で推定し、脅威が発生する前に国を守るために必要な情報をつくって関係機関と内々に共有しています。

例えば米国では、U.S. Cyber Commandのトップは国家安全保障局（NSA）長官を兼務しています。英国は政府通信本部（GCHQ）という情報機関の中に国家サイバーセキュリティセンター（NCSC）をつくりました。オーストラリアも同様です。

対して日本の状況はといえば、例えるなら他国の視力が2.0あるのに0.01ぐらいしかないのと同じです。しかも、鼻の利きも悪く、耳も聞こえづらい。加えて認識と予算の不足で適切な眼鏡も補聴器もつけていない。だから、他国の国家サイバーセキュリティーセンターには感じ取ることができることも感じられなくなっている部分があります。まずは、ここを改善することから始めないと前には進めないでしょう。

3 生成AIの脅威――社会揺るがす画像を誰でも“ディープフェイク”

「プロンプト1つでできる自由度が、最近になって飛躍的に高まってしまった。これまでは、元画像の顔を他人のものに入れ替えたりするには、それなりに手間やコストがかかっていたが、今ではAI（人工知能）に何を生成すべきか方向性を定める指示情報であるプロンプトを入力するだけで、誰でも所望の画像を簡単に手に入れられるようになった」

国立情報学研究所（NII）研究主幹・教授で、東京大学 大学院情報理工学系研究科教授でもある越前功氏は、生成AIの急速な進化に伴う「ディープフェイク」の脅威がいっそう高まることに懸念を示す。ディープフェイクとは「ディープラーニング（深層学習）」と「フェイク（偽）」を組み合わせた造語で、AIを用いて、人物の画像や音声などを人工的に合成する処理技術を指す。2017年に初めて登場したとされている。

ディープフェイクは人間の創造性を拡張し、アートやエンターテインメントなどの世界に変革をもたらすという“正”の側面がある一方で、世論を操作したり、人々を不安に陥れたり、詐欺や脅迫のためのツールに使われたりするなど、“負”の側面も同時に持つ。2023年に開催された主要国7カ国首脳会議（G7広島サミット）や政府の「AI戦略会議」でも、ディープフェイクを含む偽情報拡散への対応が喫緊の課題として取り上げられている。

ディープフェイクで最近大きな話題になったのは、ロシアがウクライナに侵攻した後の2022年3月にYouTubeやFacebookなどに投稿されて拡散した、ウクライナのゼレンスキー大統領の偽動画だ。ここでは、大統領がウクライナ国民に対して武器を置いてロシアに降伏するように呼びかけた。

この動画での大統領は、異様に動きが少なく不自然で、本人よりも声が低いなど、すぐに偽物と分かる稚拙なものだったために、直ちに見破られて削除された。しかし、最近のディープフェイク技術は高度化が急速に進んでおり、人間の目では見分けられないものも多い（**図22**）。

NIIによると顔を対象にしたディープフェイクには、(1) 顔全体の合成、(2) 顔の属性操作、(3) 顔映像の表情操作、(4) 顔映像の話し方操作、(5) 顔の入れ替え、の5つのタイプがあるという（**表5**）。

「今、脅威だと考えているのが『Stable Diffusion（ステーブルディフュージョン）』。この生成AIを使うと、特定の人物を対象にチューニングした高画質な画像を、コストをかけずに作成できる」（越前氏）

Stable Diffusionは英国のAIスタートアップのStability AI（スタビ

図22　本人の画像とディープフェイク画像
左が本人の画像、右がディープフェイク画像。人間の目には見分けがつきにくい（出所：国立情報学研究所 越前研究室）

リティーAI）が開発した、入力したテキストからその内容に沿った高品質の画像を生成するAIである（**図23**）。2022年にオープンソース化され、「画像生成AIの民主化」を決定的にしたツールと評されている。

タイプ	内容
(1) 顔全体の合成	●ノイズ（潜在変数）から（実世界に存在しない）顔画像を生成 ●プロンプトから顔画像を生成（有名人など特定人物の顔画像の生成には、LoRAによるファインチューンが必要。顔画像数十枚で可能）
(2) 顔の属性操作	ターゲットの顔画像の髪や肌の色、表情などを変更した顔画像を生成
(3) 顔映像の表情操作	攻撃者の表情とターゲットの顔画像／映像を合成し、攻撃者の表情と同期したターゲットの顔映像を生成
(4) 顔映像の話し方操作	音声またはテキスト情報とターゲットの画像や映像を合成することで、当該音声／テキストを発声するターゲットの顔映像を生成
(5) 顔の入れ替え	ソースとなる映像の顔部分をターゲットの顔と入れ替える

表5　顔を対象にしたディープフェイクのタイプ
主に5つある。最近特に注目されているのが、「Stable Diffusion」などプロンプトから顔画像などを生成するAIである（出所：国立情報学研究所 越前研究室の資料を基に日経クロステックが一部改訂）

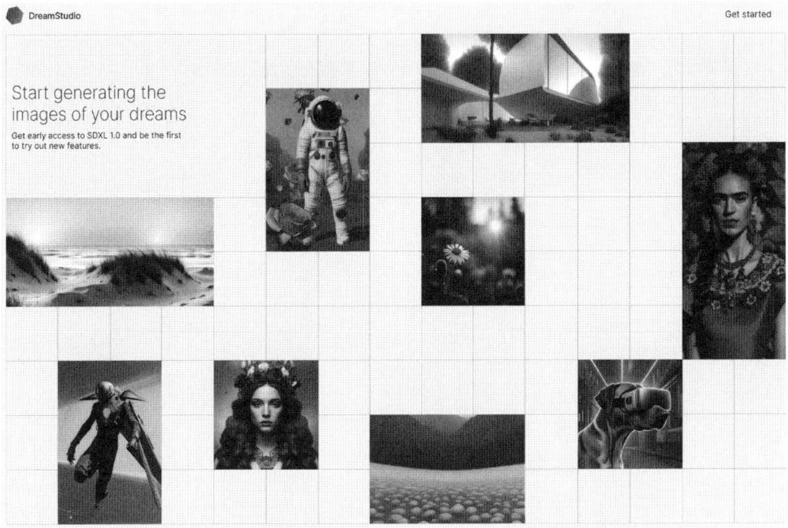

図23　Stable Diffusionで生成した画像
Stable Diffusionのオープンβ版として公開された画像生成AI「DreamStudio」のWebページ。プロンプトを入力するだけで、誰でも所望の画像を作れる（出所：Stability AI）

例えば、悪意を持った者がStable Diffusionに「××の都市で暴動が起きている画像を作ってください」などというプロンプトを入れるだけで、社会に動揺や混乱をもたらすような偽画像を簡単に作れてしまう。だから、安全保障関係者もこれを大きな脅威とみなしている。

実際に日本でも、Stable Diffusionで生成されたディープフェイク画像が大きな問題になったことがある。大型の台風15号が上陸した2022年9月に、静岡県で多くの住宅が水没したとする偽画像がX（旧ツイッター）で拡散したのだ。作成者はほんのいたずらのつもりでやったようだが、誰でも簡単に本物と見分けがつかない偽画像を作れてしまう時代が到来したことを世に知らしめた。

Stable Diffusionに、米Microsoft（マイクロソフト）が提供する「LoRA（Low-Rank Adaptation of Large Language Models）」という技術を使うと、低コストで有名人など特定の人物の顔を再現する「ファインチューン」ができる。

「例えば、著名な俳優の顔画像を数十枚使ってStable Diffusionをファインチューンすることで、その俳優の顔をした再現性が高い様々な偽画像をプロンプトから生成できる」（越前氏）という。

画像加工技術が進化した昨今では「写真は必ずしも真実を語らない」ということがもはや常識化しているが、画像生成AIが進化した今では「写真を見ても真実と思うな」と肝に銘じておいたほうがいいのかもしれない。

ディープフェイクを進化させたGAN

本物と見分けがつかないようなディープフェイク画像を生み出したとされるのが、「GAN（Generative Adversarial Network、敵対的生成ネットワーク)」というAI技術である。

GANは「生成器（Generator)」と「識別器（Discriminator)」という2つのニューラルネットワークを競わせる生成AIモデルである。生成器にはノイズ（潜在変数：情報を圧縮した潜在空間に作られたデータ）を入力し、そこから画像を生成する。生成器が作る画像は、最初はいいかげんだが、学習をしていくと徐々に意味のある画像を生み出すようになる。

一方、識別器には本物の画像や生成器が作った画像が入力され、真贋（しんがん）判定をする。真贋判定は、最初は容易だが、生成器の学習が進むにつれて難しくなり、識別器にはより高度な能力が要求される。このように生成器と識別器を競わせることで、本物とそっくりな偽画像を生成できるようになる。

偽画像の大量学習で真贋判定

それでは、進化が著しいディープフェイクの脅威にどう対抗するのか。ディープフェイクを自動で検出する技術は、世界で研究開発が進められている。

例えば、米Meta（メタ、旧Facebook）はマイクロソフトなどとともに、2019年9月に、ディープフェイクを見破るツールの開発を目的とした新イニシアチブ「Deepfake Detection Challenge（DFDC)」を立ち上げた。機械学習やデータサイエンスの技術を競い合う「Kaggle」というコミュニティー内で、コンペティションを開催した。最終的に2000チーム以上が参加し、合計3万5000件の検出用AIモデルが開発された。生成された動画データに対する検出率は65.18%だったという。

マイクロソフトは2020年に、ディープフェイクの検出ツール「Microsoft Video Authenticator」を開発した。画像を解析し、ディープフェイク技術によって発生する、人間の目では認知しづらいレベルの色あせやグレースケールなどを検出。改ざんされている確率や信頼度のスコアを算出する。

こうした取り組みに先んじて、「世界で最初に検出手法を開発した」（越前氏）のが、NIIである。NIIはフェイク技術対策に関する研究に早期から取り組んできた。そして、2018年12月にその研究についての最初の論文を発行した。これまでに論文の引用回数は1000回を超えているという。

2021年9月には、その技術をベースに、AIによって生成されたフェイク顔画像を自動判定するツール「SYNTHETIQ VISION（シンセティックビジョン）: Synthetic video detector」を開発したと発表した。真贋判定をしたい画像をサーバーにアップロードすると、同ツールがフェイクかどうかを判定する。

「本物の画像と大量の偽の画像を機械学習し、内部で評価軸を用意して精度を検証している。Stable Diffusionのような生成AIによる画像の真贋判定も可能だ」（同氏）という。

SYNTHETIQ VISIONは、判定対象となる映像のアップロードから、判定結果を示した映像をダウンロードするまでのすべてのプロセスをWeb APIとして利用可能である。つまり、他のアプリケーションに組み込んで使える（**図24**）。

ネット銀行・証券から多くの問い合わせ

NIIは2023年1月に、サイバーエージェントがSYNTHETIQ VISIONを採用すると発表した。同社が展開している「デジタルツインレーベル」において、ディープフェイク映像の検知に利用するという。デジタルツインレーベルは、タレントやアーティストなど著名人の公式3DCGモデルを制作し、分身となるデジタルツインをキャスティングするサービスである。

実は最も問い合わせが多いのが、ネット銀行やネット証券などオンライン本人認証に「eKYC（electronic Know Your Customer）」を利用する業者だ。eKYCでは、本人確認書類と本人を撮影した画像をオンライン送信することで迅速に身元確認を行う。

ところが、ディープフェイクを使うと他人になりすますことができる可能性がある。そこで、SYNTHETIQ VISIONで真贋判定ができないかというのだ。現在、国内企業で試験をしているという。

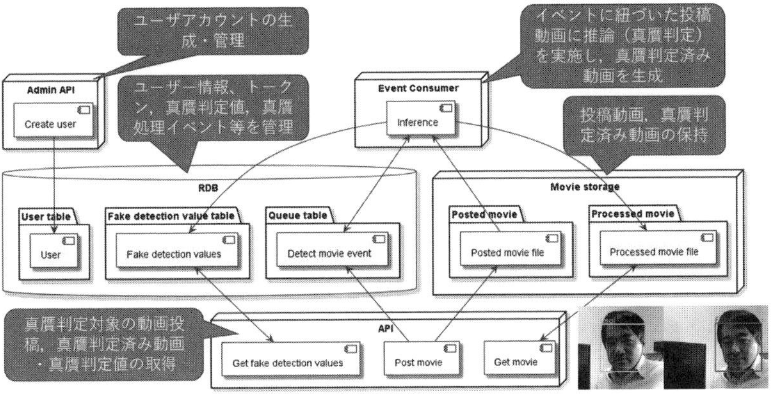

図24　SYNTHETIQ VISIONの構成
NIIが開発したSYNTHETIQ VISIONの構成。真贋判定をしたい画像をサーバーにアップロードすると、同ツールがフェイクかどうかを判定する。偽造されていない顔には緑の枠が、フェイクの場合には赤い枠が表示される（出所：国立情報学研究所 越前研究室）

ディープフェイクされても自動修復

このように一部で実用化が始まっているディープフェイクの真贋判定だが、弱点もある。「実用においては、真贋判定に加えて、改ざん前のオリジナルは何なのかといった来歴に関する情報を得られることが望ましい。しかし、真贋判定では、対象となるメディアがAIで生成されたものか否か以外の情報を得ることができない」（越前氏）。

そこで、NIIは一歩進んだディープフェイク対策技術「Cyber Vaccine（サイバーワクチン）」を開発中だ。Cyber Vaccineは、保護したい顔画像に“ワクチン接種”をすることで、ディープフェイク攻撃を受けてもそれを無毒化し、オリジナルの顔画像にすぐに復元する技術である（**図25**）。

具体的には、顔の中央部分の周辺領域に、復元する際に使える顔の

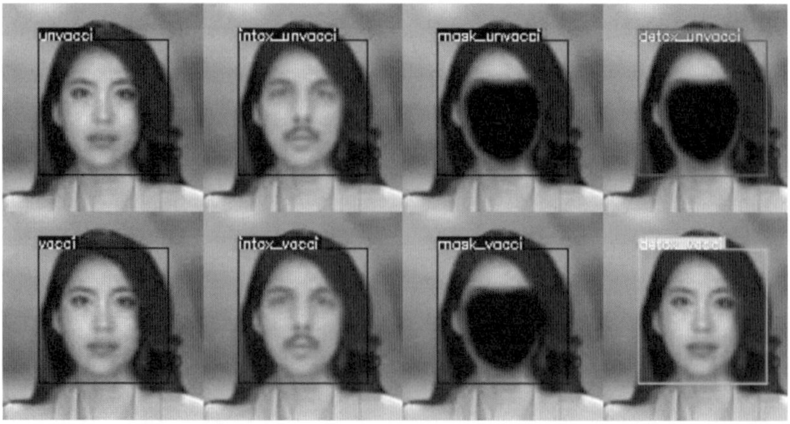

図25　ワクチン接種で画像を守る
上の段は“ワクチン”を接種していない画像。下の段は接種した画像。フェーススワップという顔の部分を他人のものと交換する攻撃を受けた際、接種した画像は自動で元の画像に復元される。上の段の右側は、くりぬいた部分の顔画像の復元に失敗したので黒くなったままである（出所：国立情報学研究所 越前研究室）

固有情報を埋め込む。無毒化する際には、その情報を参照する。もちろん、人間の目にはワクチンを打っているかは分からない（**図26**）。

Cyber Vaccineでは元画像を復元し、入力画像（ディープフェイク画像）との差分を取ると、どこが改ざんされたのかといった情報も得られる。真贋判定だけでなく、どのようにしてフェイクできたのかという「説明可能な情報」をユーザーが得ることができるという。

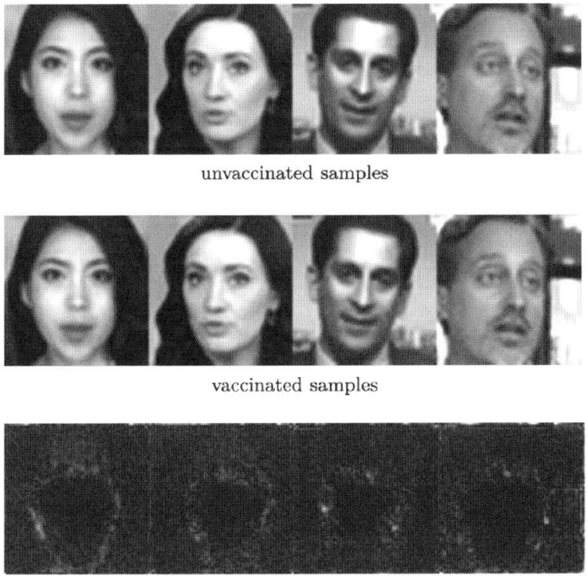

図26　ワクチンを接種しても画像の見た目は変わらない
Cyber Vaccineでは、顔の中央部分の周辺領域に、復元する際に使える顔の固有情報を埋め込む（下段）。しかし、ワクチンを打っているかは人間の目には分からない（中段）（出所：国立情報学研究所 越前研究室）

4 衛星攻撃兵器の脅威――インフラ破壊で社会活動が大混乱

2040年には、世界で現在の3倍以上の約150兆円規模に成長することが期待されている宇宙産業だが、その足元を大きく揺さぶる脅威が拡大している。

象徴的な事例が、ロシアが2021年11月15日に実施した対衛星兵器（ASAT：Anti-Satellite Weapon）による廃棄衛星の破壊実験である。旧ソビエト連邦時代の1982年に打ち上げられ、現在は運用を終了している軍事衛星「Cosmos 1408」を、「A-235 PL-19 Nudol 」という直接上昇型衛星攻撃ミサイルで破壊することに成功した。この行為によって1700個以上のスペースデブリ（宇宙ゴミ）が発生した。

世界を震撼（しんかん）させたのが、それらのデブリの一部が国際宇宙ステーション（ISS）に接近し、滞在中の宇宙飛行士が退避行動を強いられたことだ。Cosmos 1408は高度480kmの地球低軌道上にあり、高度400km付近の軌道を周回するISSと比較的近い位置にあった。低軌道では物体が秒速約8kmの超高速で移動するため、仮に小さな破片がISSに衝突したとしても機体や人命に大きな被害を及ぼす恐れがある。

Cosmos 1408から発生したスペースデブリは2022年9月時点で約660個が軌道上に存在し、2033年までその影響は残ると観測されている。

こうしたASATによる廃棄衛星の破壊は、過去に米国や中国、インドが行っている。例えば中国は、2007年1月に自国の老朽化した気象衛星をASATで破壊する実験を行った。

米国のカマラ・ハリス副大統領は2022年4月18日、スペースデブリが宇宙飛行士や宇宙開発へ与える危険性が増大したとして、同国は今後、ASATの発射実験を行わないことを確約すると発表した。さらに、実験禁止を宇宙利用の新規範として確立する方針を強調した。

2022年12月には国連総会において、破壊的な直接上昇型ASATの実験を実施しない旨の決議が、圧倒的多数で採択されている。

なお、米戦略国際問題研究所（CSIS：Center for Strategic and International Studies）がまとめた「Space Threat Assessment 2023」によると、現在宇宙には5465機の衛星が軌道上に存在する一方で、3万2300個のスペースデブリが確認されている。

スペースデブリ除去など軌道上サービスを開発するスタートアップのアストロスケールホールディングスCEO（最高経営責任者）の岡田光信氏は「デブリと衛星のニアミスは、非常に増えている。例えば1km以内のニアミスは、2020年は月に約2000回だったが、2021年には約3倍になった。宇宙の混雑度は、既に許容限界を超えたと言っても過言ではない」と危機感を示す。

宇宙が戦闘領域に変貌

米国のGPS（全地球測位システム）をはじめとする測位衛星、地表の画像や各種データを取得する地球観測衛星（情報収集衛星）、気象衛星、通信衛星……。今や人工衛星は、日常の社会・経済活動のみならず、安全保障にとっても不可欠の存在になっている（**図27**）。

例えば、地球観測衛星は警戒監視や情報収集に、測位衛星は防衛装備の位置把握やミサイルなどの誘導に、そして通信衛星は遠距離に存在する部隊との通信などに使われている。つまり、衛星を攻撃されたり、スペースデブリが衝突したりして衛星の機能が停止すると、社会活動や安全保障に大きな影響が及ぶ。逆に攻撃者にとっては、衛星は格好の標的なのだ。

米国は2018年3月に「国家宇宙戦略」を公表し、「敵対者が宇宙を戦闘領域に変えた」との認識を示した。そして、中国やロシアなど一部の国がASATの能力を増強し、宇宙での軍事的優位性を確保するため、他国の宇宙利用を妨げる能力を高めていると指摘している。

一気に電子機器を破壊する電磁パルス攻撃

ASATには先に挙げた「対衛星攻撃ミサイル」だけでなく、いくつかの種類がある（**図28**）。衛星に直接衝突したり、ロボットアームで捕獲して機能不全にしたりする「キラー衛星」、高出力レーザーや高出力マイクロ波などを衛星に集中照射して機能不全にしたり、破壊したりする「指向性エネルギー兵器」、そして電波妨害（ジャミング）

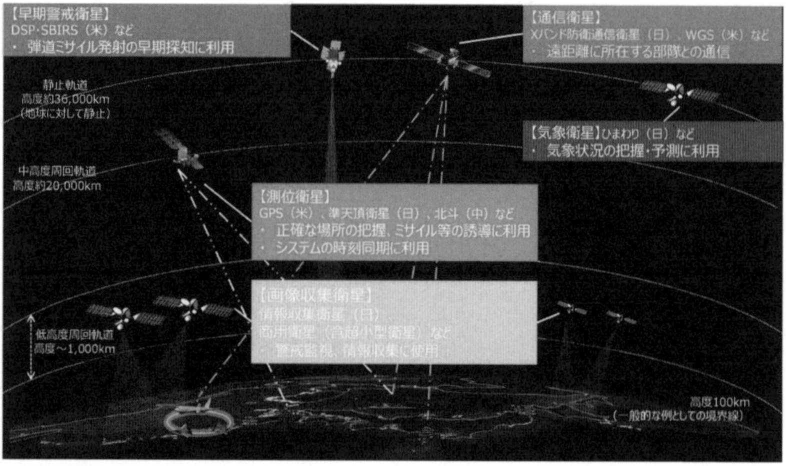

図27　衛星の種類と安全保障での利用例
弾道ミサイル発射の早期探知に使われている早期警戒衛星や宇宙領域把握（SDA: Space Domain Awareness）衛星、軍事通信衛星など安全保障用に特化した衛星もあるが、その他多くはデュアルユース（軍民両用）である（出所：防衛省）

によって衛星と地上局などとの通信を妨害する「電波妨害装置」などである。ただし、これまでのところ対衛星攻撃ミサイル以外は、使用された事例はないとみられる。

ASATは、物理的な作用を伴う「キネティック兵器」と伴わない「ノンキネティック兵器」に分類されることもある。対衛星攻撃ミサイルやキラー衛星はキネティック兵器で、指向性エネルギー兵器や電波妨害装置はノンキネティック兵器である。

ノンキネティック兵器には、「電磁パルス攻撃（HEMP：High-altitude ElectroMagnetic Pulse）」もある。高度40〜400kmといった高高度において核爆発を起こすことで強電界が発生し、上空と地上の広い範囲に電磁パルスが降り注ぐ。人体に直接的な影響はないが、電線などの導体にエネルギーが集まるため、電磁パルスの範囲内にある衛星や地上の電子機器などが一気に破壊されるという。

2017年9月3日に核実験を実施した北朝鮮が国営メディアを通じて、

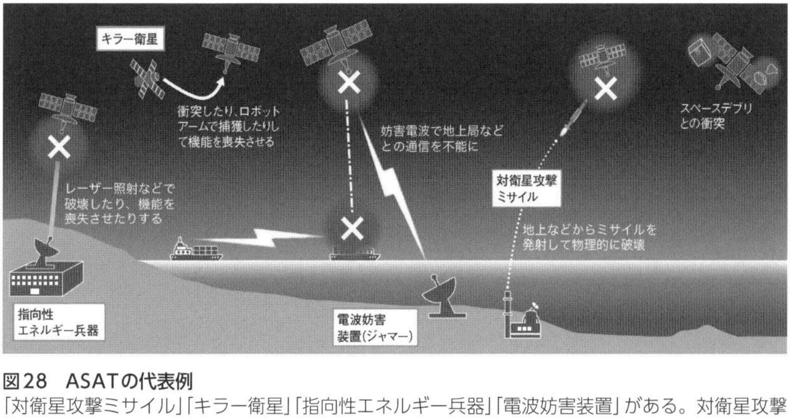

図28　ASATの代表例
「対衛星攻撃ミサイル」「キラー衛星」「指向性エネルギー兵器」「電波妨害装置」がある。対衛星攻撃ミサイルはスペースデブリを発生させるため、国際的に使用を禁止する動きが出ている。中国やロシアはデブリの発生が少ない兵器の開発に力を入れているとみられている（出所：防衛省の資料を基に日経クロステックが作成）

電磁パルス攻撃を“できる”能力があると主張したことで、世界中から不安の声が上がった。

ノンキネティック兵器に「サイバー攻撃」を含める専門家もいる。衛星システム全体を標的とし、システムに影響を及ぼすエラーデータなどを挿入したり、衛星のコマンドシステムを乗っ取ることで通信を遮断したり、意図していない動作をさせたりする可能性があるという。

中国が衛星の捕捉実験に成功

大量のスペースデブリを発生させる対衛星攻撃ミサイルなどの使用に対して国際的な批判が高まっていることから、中国やロシアは最近、キラー衛星などの妨害手段の開発に力を入れていると観測されている。

2022年1月、中国の実験衛星「実践21号」が、既に廃棄扱いとなっていた同国のナビゲーション衛星「北斗2号」に接近して捕捉、静止軌道から「墓場軌道」(役目を終えた衛星を移動させるためのより高度が高い軌道)へと引きずり込むことに成功した。

この事例は欧米などの宇宙関係者に、中国の技術力を示した点で大きなインパクトがあった。それと同時に、防衛関係者の中には、他国の衛星に対して挑発的に近接する攻撃能力を、中国が既に保有していることを誇示した、と見た人たちもいた。

高速で軌道を周回する衛星に接近して捕捉する技術は、まだ世界で実証された事例が少ない先端技術である。中国はこの技術を、直ちにキラー衛星に応用できる可能性がある。

防衛省が宇宙作戦群を新設

こうした宇宙の「戦闘領域化」に対応するために、世界各国は宇宙状況監視（SSA）体制の強化を急いでいる。日本も同様だ。2020年5月に、宇宙を専門に扱う自衛隊初の部隊である「宇宙作戦隊」を航空自衛隊に新設した。そして、2022年3月にはその上部組織となる「宇宙作戦群」を航空自衛隊府中基地（東京都）に発足させた（**図29**）。70人規模の体制でスタートを切った。

宇宙作戦群は、山口県に建設中の地上配備型監視用レーダーの完成後、2023年度からの本格運用を目指している。さらに2026年度までに静止軌道への打ち上げを目指しているSSA衛星を運用して監視する。

2022年度には日本の衛星に対する電波妨害を監視する「第2宇宙作戦隊」を航空自衛隊の防府北基地（山口県）に約20人体制で発足させている。今後、この体制を120人に拡充するほか、米軍や宇宙航空研究開発機構（JAXA）とも情報共有していくという。

図29　宇宙作戦群のWebページ
防衛大臣の直轄部隊で、宇宙状況監視（SSA）を任務とする（出所：防衛省）

不審な衛星を静止軌道から接近監視

キラー衛星など不審な衛星の動向に関する情報ニーズの急速な高まりに、民間企業も動き出している。IHIは2023年3月15日、SSA用途に向けた小型・高機動な衛星の開発について、米国の航空宇宙・防衛メーカーであるNorthrop Grumman（ノースロップ・グラマン）と協業に関する覚書を締結した。防衛省向けに小型衛星を共同開発する。

具体的には、静止軌道上で不審な挙動をする衛星に近づき、望遠鏡を通じてカメラで撮影したりセンサーで相手の情報を取得したりする（**図30**）。「どんな形状をしているのか、妨害電波を出す装置やロボットアームなどを備えているのか、などを近くから観察・監視する」（IHI航空・宇宙・防衛事業領域ロケット開発事業推進部スタフグループ主幹の泉山卓氏）としている。

図30　宇宙状況監視向け衛星のイメージ
宇宙状況監視（SSA）用途などに向けた重量500kgクラスの衛星のイメージ。ノースロップ・グラマンが開発したバス「GEOStar-1」を搭載する。同社とIHIが開発する衛星も、このバスの採用を検討している（出所：Northrop Grumman）

地上からだと詳細な監視は困難

IHIは2015年度に、民生向けのSSAデータプロバイダーとしてサービスを開始した。光学望遠鏡で地球から3万6000km離れた静止軌道上の物体を観測してデータを収集している。SSAの研究自体は10年以上の歴史があり、「関連特許を世界で最も多く持つ」（泉山氏）としている。

光学望遠鏡は、静止軌道上にあるおよそ1m以上の物体（衛星もしくはデブリ）が反射する光を捉えることができる。静止軌道上の物体は地球の自転周期と同じ周期で動いているため、地上からいつ見上げても同じ場所に見える。対して、周囲の星は地球の自転とともに位置が変わるので、静止軌道上の物体であることを識別できる。

IHIは光学望遠鏡を装備した観測所を、兵庫県相生市と群馬県南牧

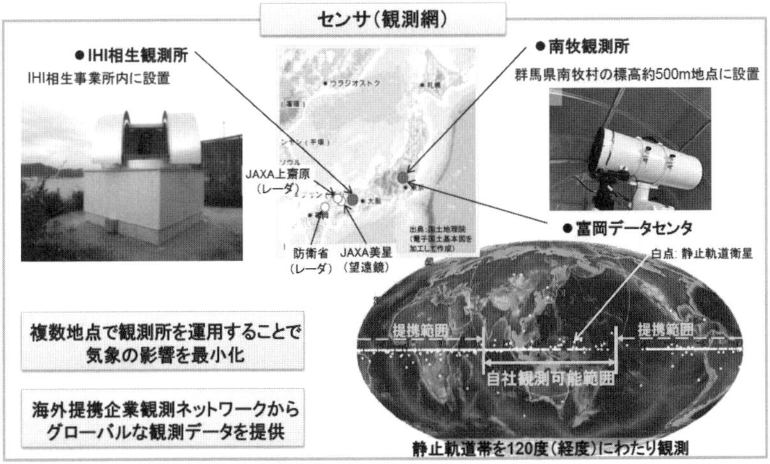

図31　国内2カ所に観測所を設置
インド洋の真ん中から太平洋の真ん中までの経度120度分を観測している（出所：IHI Aerospace）

村の2カ所に設置している（**図31**）。観測範囲は、インド洋の真ん中から太平洋の真ん中までの経度120度分である。

サービスとしては、静止軌道上の指定領域を探索して未知の動く物体を検出してデータベース化する「サーベイ・サービス」、物体の位置や軌道情報を提供する「物体位置・軌道情報提供サービス」、衛星のオペレーター（運用事業者）に対して提供する「接近情報配信サービス」がある（**図32**）。

例えば、静止軌道で過去に衛星が破砕した事例から、デブリが今、軌道上のどこにあるのかを確率的に評価する技術などを持つ。2021年度には「宇宙状況概況レポート」の販売を開始し、同年度には子会社のIHIエアロスペースが航空自衛隊とSSAデータサービス契約を締結している。

しかし、地上の光学望遠鏡による観測だけでは限界もある。静止軌道は高度2000km以下の低軌道と比べるとはるかに遠いため、「軌道

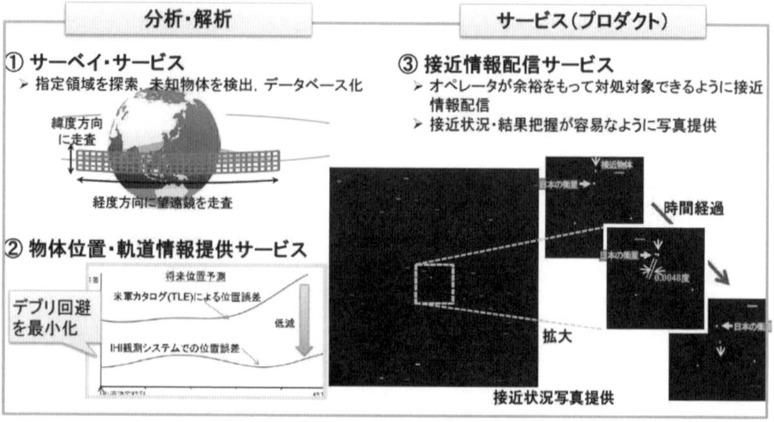

図32　IHIのSSAサービス
静止軌道上の指定領域を探索して未知の動く物体を検出してデータベース化したり、物体の位置や軌道情報を提供したりするサービスを提供中（出所：IHI Aerospace）

上の物体が衛星かデブリか、といった判別はできない。例えば、10mの大きさの物体は1mのものより100倍明るく見えるが、形までは分からない」（泉山氏）。

防衛省は2023年度から探知距離が4万kmで複数目標を同時に追尾できるレーダーの運用を開始する予定だ。こちらは光学望遠鏡とは異なり、全天候型というメリットはあるが、やはりキラー衛星など悪意を持った衛星なのかどうかといった判別まではできない。

燃費がよく寿命が長い小型衛星

そこで出番となるのが、静止軌道上を周回する不審な衛星に接近して監視するSSA衛星である。静止軌道には、弾道ミサイルの発射を探知するための早期警戒衛星など安全保障上、重要な衛星が多く、そのニーズが高い。米国は「GSSAP」というSSA衛星を既に配備しているが、日本政府も2026年度までに初号機を打ち上げ、その後、2機目も打ち上げる計画だ（**図33**）。

IHIとノースロップ・グラマンが開発する衛星は、2機目での採用を目指す。詳細は不明だが、初号機は大型の望遠鏡を搭載し、遠距離から細かい観測ができる大型衛星になるとみられる。通常、静止衛星の重量はトン級である。

ただし、機体が大型になる分、接近時などに使用する推進システム（スラスター）の燃費が悪く寿命が短くなるほか、敵国から攻撃されやすくなる欠点がある。

そこで両社は静止衛星としては小型の、500～650kgクラスの衛星を開発する。衛星の詳細や役割分担については「これから議論する」（泉山氏）としている。例えば、ノースロップ・グラマンは静止軌道用バス「GEOStar-1」をカスタマイズして提供する一方、IHIが推進システムや宇宙用センサーなどを提供することを検討しているという。

SSA衛星で不審な衛星に接近する距離についても今後の検討事項になるが、最接近時でも10km以上になる見通しだ。現在米軍が、登録している衛星オペレーターに向け、衛星に対して10km以下まで接近した物体があった際に警報を出すシステムを運用しているためである。

図33　米国のGSSAP衛星のイメージ
静止軌道に配備するSSA衛星でノースロップ・グラマンが開発・製造している（出所：Northrop Grumman）

5 極超音速兵器の脅威──中露が先行、現状の防空網を突破

既存の防空システムを突破する可能性がある新たな脅威が、いよいよ実戦使用のフェーズに入った。マッハ5（音速の5倍）以上の極超音速で、通常の弾道ミサイルより低い軌道を長時間飛翔（ひしょう）し、さらに任意のタイミングで速度や高度を変えたりする機動性を持つ「極超音速兵器（Hypersonic Weapons）」である。

弾道ミサイルにも、最終速度がマッハ5を超えるものが存在する。しかし、こちらは飛翔中に一定の機動しか行わない点が、極超音速兵器とは異なる。

既に中国とロシアは、米国に先んじて極超音速兵器を完成させ、第一線の部隊に配備している。実質的な効果は確認されていない模様だが、ロシアはウクライナ戦争において、史上初めて実戦で使用した。軌道を変える能力を持つ弾道ミサイル「Kinzhal（キンジャール）」である。

北朝鮮も極超音速兵器の開発に力を入れており、2022年1月に試験を実施。大気圏内を最高高度50kmで飛び、水平方向に軌道を変えたことが確認されたという。北朝鮮が、日本の大部分を射程に収める、核弾頭を搭載した極超音速兵器を手にするのも時間の問題と指摘する専門家もいる。

一方、米国は2021年2月、米国防総省（DoD）の高官が極超音速兵器の開発構想に言及。2020年代初頭から半ばにかけて極超音速兵器を配備し、さらに同年代半ばから後半にかけて防衛能力を構築すると公表した。

弾道ミサイルは発射後に放物線を描くため、高度3万6000kmの静止軌道を周回する早期警戒衛星で、発射地点と初速、方向を探知できれば着弾点を計算できる。一方、極超音速兵器は高度20〜80kmという低空を飛翔するため、地球からの距離が遠い早期警戒衛星では追尾ができないうえ、弾道ミサイル用のレーダーでも捉えにくい。さらに変則的な動きをし、巡行ミサイルに比べて高速であるため、迎撃における時間的猶予が短い（**図34**）。

現状の防衛システムでは対処ができないとされており、防衛省も「探知や迎撃が、いっそう困難なことは事実」（同省報道室）と認める。

HGVとHCM

極超音速兵器には2種類がある。「極超音速滑空兵器（HGV：Hypersonic Glide Vehicle）」と「極超音速巡航ミサイル（HCM：Hyper-

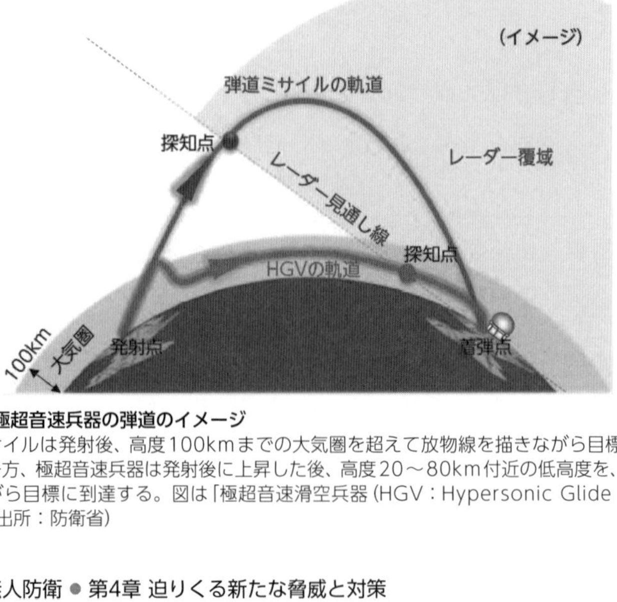

図34　極超音速兵器の弾道のイメージ
弾道ミサイルは発射後、高度100kmまでの大気圏を超えて放物線を描きながら目標地点に着弾する。一方、極超音速兵器は発射後に上昇した後、高度20〜80km付近の低高度を、変則軌道を描きながら目標に到達する。図は「極超音速滑空兵器（HGV：Hypersonic Glide Vehicle）」の場合（出所：防衛省）

sonic Cruise Missile)」である。

HGVは、弾道ミサイルを応用した兵器である。ロケットで推力を得て加速後に弾頭部（滑空体）が切り離され、その後は滑空状態で目標に向かって飛翔する。推進装置を持たない滑空弾である。

一方、HCMはロケットやジェット機で運搬され、その後、「スクラムジェット（超音速燃焼ラムジェット）エンジン」によって推進力を得て飛行する。スクラムジェットエンジンは空気取り入れ口に生じた衝撃波で空気を圧縮。圧縮された超音速の空気に燃料を噴射し、これを燃焼させて推力を得る。シンプルな構造でありながら、極超音速での飛翔を可能にする。

「令和5年（2023年）版防衛白書」には、中国やロシア、北朝鮮の極超音速兵器に関する開発や配備の現状について、以下のように記述している。

- **中国は、HGVを搭載可能な弾道ミサイルとされる準中距離弾道ミサイル「DF-17」の運用を既に開始したと指摘されているほか、2022年にはHGVを搭載したICBM（大陸間弾道ミサイル）の軌道打ち上げを実施した。**
- **ロシアがウクライナ戦争において用いている短距離弾道ミサイル「イスカンデルM」は、低空を変則的な軌道で飛翔可能とされているほか、HGV「アバンガルド」やHCM「ツィルコン」の配備を進めている。**
- **北朝鮮は「極超音速滑空飛行弾頭」の実現を優先課題の1つに挙げるとともに、低空を変則軌道で飛翔する弾道ミサイルの発射を繰り返している。**

このように日本の周辺国では、現状の防空網では対応できない可能性がある極超音速兵器の配備が着々と進められているのである。

極超音速兵器を「3段構え」で迎撃

現状、日本のミサイル防衛システムは、米国の早期警戒衛星が弾道ミサイルの発射を探知した後、その情報を受けて海上から迎撃ミサイル「SM3」を発射して大気圏外で撃ち落とす体制だ。もし、それが当たらなかった場合は大気圏への再突入後に、地上の地対空誘導弾パトリオットミサイル（PAC3）で撃墜する。

しかし、この体制は極超音速兵器には通用しない。そこで「3段構え」の体制を構築する模様だ（**図35**）。（1）早期警戒衛星による発射の探知と低軌道の衛星コンステレーションによる探知・追尾、（2）海上および地上からの長射程ミサイルで滑空時に迎撃、（3）着弾前の最終段階で地上から迎撃、である。

（1）についてはこれまでと同様、米国との連携によって実現する。

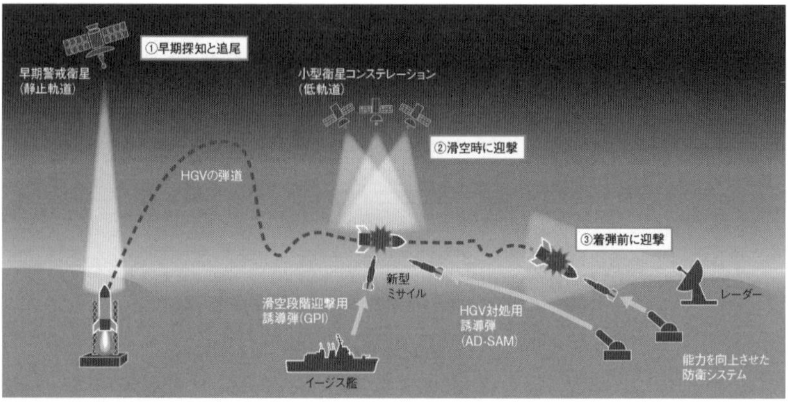

図35　極超音速兵器を迎撃するための体制
新規の衛星コンステレーションの構築、迎撃ミサイルの開発、レーダーの能力向上など体制を整えるための案件は多い。航空機を主たる迎撃目標とする、米国の対空ミサイル「SM-6」も導入する予定だ（出所：日経クロステック）

DoDの宇宙開発局（SDA：Space Development Agency）は、軍事用低軌道衛星コンステレーション「Proliferated Warfighter Space Architecture（PWSA）」の構築を進めている。

PWSAは低軌道に光衛星通信を利用する高速かつ抗たん性（軍事施設が敵の攻撃に耐えてその機能を維持する能力）が高いネットワークを構築し、陸・海・空に展開する部隊に通信機能を提供する壮大な構想だ。

その大きな目的の1つが、極超音速兵器の探知・追尾である。極超音速兵器が滑空する軌道に近い、低軌道を周回する衛星コンステレーションによって極超音速兵器を追尾し、即座に情報を地上の部隊などに送ることを目指す。

2023年4月2日には、PWSAを構成する最初の衛星の打ち上げに成功した（**図36**）。「Tranche（トランシェ）0」と呼ばれる、SDAが策定した最初の独自標準に準拠した10機の衛星である。

図36　最初の衛星の打ち上げに成功
2023年4月2日、Proliferated Warfighter Space Architecture (PWSA) を構成する最初の衛星10機が、SpaceXのロケット「Falcon 9」で打ち上げられた（出所：SpaceX、Space Development Agency）

PWSAは役割に応じて7つの層で構成される。10機のうち、8機がデータを運搬する「Transport Layer（トランスポートレイヤー）」、2機がミサイル発射の探知と追尾を行う「Tracking Layer（トラッキングレイヤー）」の衛星である。今回、前者は米York Space Systems（ヨーク・スペース・システムズ）、後者は米SpaceX（Space Exploration Technologies、スペースX）が開発した。

PWSAではトラッキングレイヤーで探知・追尾したミサイルの情報を、メッシュネットワークを組んだトランスポートレイヤーの衛星を経由して、即座に地上や艦艇などのミサイル撃墜システムに送る（**図37**）。これを実現するために、電波と比べて桁違いとなる「ギガクラス（数Gbps以上）」のスループットを実現でき、秘匿性が高い光衛星通信を利用する。

PWSAは最終的に1000機以上の衛星から成るコンステレーションを活用する大規模な構想であるため、SDAでは規格をアップデートしながら段階的に進める。実証フェーズのトランシェ0では、最終的

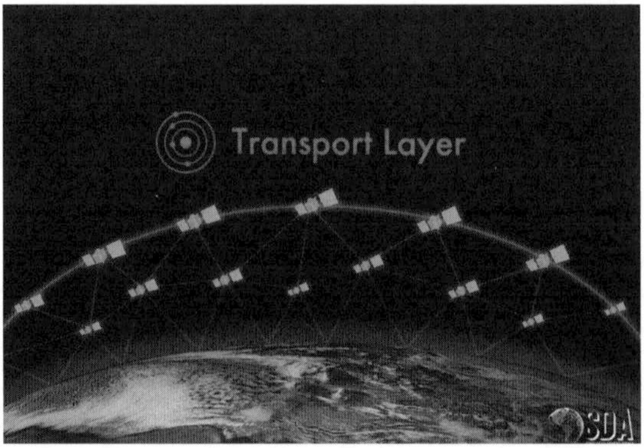

図37　トランスポートレイヤーのイメージ
低軌道で光衛星通信によるメッシュネットワークを組み、トラッキングレイヤーの衛星が取得した情報を高速に伝送して地上などに下ろす。トランスポートレイヤー衛星には、光衛星通信端末を4～5台搭載する（出所：SpaceX、Space Development Agency）

に20機のトランスポートレイヤー衛星、そして8機のトラッキングレイヤー衛星を高度約1000kmの異なる軌道面に配備する。

トランシェ0で実証を終えた後、2024年後半以降に「トランシェ1」の規格に準拠した衛星群で実運用を開始する。トランシェ1は126機のトランスポートレイヤー衛星と35機のトラッキングレイヤー衛星などで構成する計画だ。

国産のHGV迎撃ミサイルを開発

防衛省は2023年8月19日、極超音速兵器を滑空時に迎撃するためのミサイルの共同開発で米国と合意した、と発表した。米国防総省ミサイル防衛局が開発を進める、HGVを対象にした「滑空段階迎撃用誘導弾（GPI)」の開発に参加する。2024年4月にも開発に着手し、互いに得意とする技術を持ち寄って開発を進めるという。

GPIは、海上自衛隊が保有するイージス艦や2024年度に建造を始める予定のイージスシステム搭載艦に載せて運用する見通しだ。イージスシステムは、米海軍が防空戦闘を重視して開発した艦載武器システムである。

GPIは3段構えの対策（2）の、1つの柱である。もう1つは防衛装備庁が2023年度から開発に着手する「HGV対処用誘導弾（AD-SAM：Area Defense Surface to Air Missile)」である（**図38**)。長射程の迎撃ミサイルで、GPIが海上から発射されるのに対し、こちらは地上設備になるとみられる。

防衛装備庁はこうしたミサイルの必要性について、「HGVは旋回によって幅広い範囲に弾着が可能で、迎撃ミサイルの射程が短いと迎撃範囲をかいくぐられてしまう可能性がある」としている。そこで、

HGVが軌道を変えても追尾して滑空時に撃墜できるミサイルの開発を目指す。2031年度までに研究試作を完了する予定だ。

AD-SAMは、前段の「キルビークル」と、固体燃料を燃やして推進力を得る後段の「ロケットモーター」の2段構造をしている。発射後にロケットモーターで瞬時に加速した後、キルビークルを切り離し、それが迎撃目標に向かってHGVを撃墜する。HGVが軌道を変えても追尾できるよう、キルビークルは操舵（そうだ）翼とスラスター（推進システム）で向きを変えて軌道変更に対応する。

開発に必要な要素技術は多い。例えば、(a) 大型のロケットモーター、(b) 高速環境下で耐熱性を持つ構造材料や加工技術、(c) 空力加熱による赤外線センサーへの影響の排除、などがある（**図39**）。

(a) については、現状、日本で製造できる安全保障用のロケットモーターの数倍の固体燃料を搭載して超高速を出せるモーターの開発が必要だという。

(b) は飛行物体が空気中を高速で進行するときに、周囲の空気が圧縮されて温度が上昇する「空力加熱」対策として必要になる。「従来の構造材料では極めて短時間で損耗してしまう。高温に耐えられる

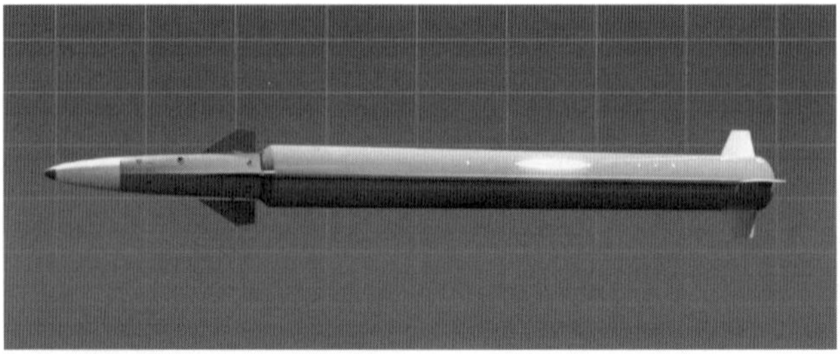

図38　HGV対処用誘導弾（AD-SAM）のイメージ
2段構造の長射程迎撃ミサイルで、前段が「キルビークル」、後段が「ロケットモーター」である。加速後にキルビークルを切り離し、それが目標に向かう（出所：防衛装備庁）

材料と加工技術の開発が必要になる」（防衛装備庁）という。

同じ空力加熱が引き起こす別の問題が（c）である。AD-SAMは、赤外線センサーでHGVが発する熱を検知して追尾する。赤外線センサーは極超音速流からそれを保護する「光波ドーム」の中に格納されているが、光波ドームが空力加熱で高温になるとその熱によって検知ができなくなってしまう。

そこで、HGVに近づくまではドームカバーをかぶせておき、近づいたらそれを外すことで、光波ドームや赤外線センサーの温度上昇を最小限に抑える機構を開発する。この技術は2029年度までに開発を終える予定だ。

難易度が高いHGV探知レーダー

3段構えの対策（3）着弾前の最終段階で地上から迎撃は、既存の防

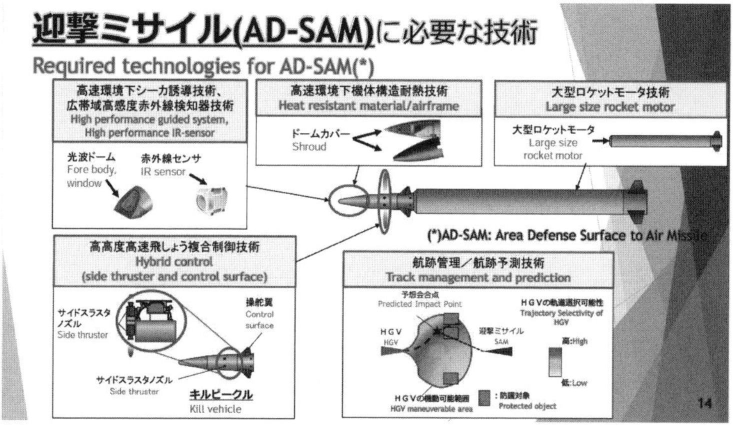

図39　AD-SAMの実現に必要な技術
大型のロケットモーター、高速環境下における機体構造の耐熱、空力加熱問題への対処など数多い。このミサイルが飛翔する高度は、空力操舵をするには空気が薄く、サイドスラスターだけで旋回するには空気が濃いという。このため、キルビークルに高い機動性を持たせるためには高高度に対応した「飛翔復号制御技術」も必要だという（出所：防衛装備庁）

衛システムの能力向上で進める。例えば、警戒管制レーダーの能力を高める。HGVのレーダー反射断面積（RCS）は小さく、かつ遠距離で地表に近いため、クラッター（レーダーの電波が海面や雨などによって反射されて発生する不要電波）を除きつつ、目標を探知する非常に高度な技術開発が必要になるという。

さらに迎撃ミサイルでは、陸上自衛隊が装備している「03式中距離地対空誘導ミサイル（中SAM）」の能力を向上させ、HGVが軌道を変えても追尾できる能力を高めるとしている。

世界をリードする電磁砲で打倒HGV

3段構えの迎撃構想には含まれていないが、将来的に極超音速兵器の迎撃に使える可能性があるとして防衛省が開発を進めているのが、「1 スウォーム攻撃の脅威」で紹介した高出力レーザー兵器と高出力マイクロ波発生装置、そしてレールガン（電磁砲）である。これらの兵器の魅力は、迎撃用ミサイルに比べて圧倒的に低コストな点である。実現すれば、極超音速兵器を使用する敵に対して優位を築ける。

防衛装備庁と海上自衛隊は2023年10月17日、世界初となるレールガンの洋上射撃試験を実施したと発表した。防衛装備庁が開発を進めているレールガンを艦艇に搭載して実施した（図40）。

防衛装備庁は洋上射撃試験の短い動画をXに投稿するとともに、「従来の火砲を凌駕（りょうが）する高速度の弾丸で、空や海上の脅威から艦艇を守るため、レールガンの早期実用化を推進しています」とのコメントを記した。

レールガンは電気エネルギーから発生する磁場を利用して弾丸を打ち出す兵器である。火薬を用いる従来の火砲と比較して弾丸の初速を大幅に高めることができる。防衛装備庁の試作では、初速は従来火砲で高速な戦車砲の毎秒1750mを上回る初速を達成している。具体的には、初速は2297m／秒（約マッハ6.6）で、重量約320gの弾丸を発射できる能力を持つという。

防衛装備庁によれば、極超音速兵器に対する防衛では「迎撃側も極超音速で会合点に向かって飛翔することが重要」である。レールガンは高速化のポテンシャルが高く、火砲と比較して長い射程にも対応できる。例えば米国の先行研究では200km程度の射程も可能としている。

加えて、誘導弾と比べて弾丸のサイズが小さいため、探知・迎撃されにくい、発射薬がないために安全に運用できるなどの長所がある。そこで、対・極超音速兵器として有効と判断したようだ。

防衛装備庁では1990年に小型レールガンの基礎研究を開始し、2021年までに口径40mmの中型レールガンを試作した（**図41**）。現在は単射だが、実戦で必須の連射や弾丸の飛翔時の安定性といった要素技術の確立を目指すとしている。

なお、今回洋上射撃試験を実施したレールガンは、研究試作をした

図40　世界初の洋上射撃試験の様子
防衛装備庁が開発を進めているレールガンを、艦艇に搭載して射撃試験を実施した（出所：防衛装備庁がXに投稿した動画をキャプチャー）

口径40mmのものとは別物に見える。あくまで臆測だが、艦艇に搭載できる小口径版を開発した可能性もある。これについて防衛装備庁は、ノートコメントとしている。「射撃試験の細部やレールガンの仕様を明らかにした場合、試験の規模やレールガンの能力が推測される恐れがあるためだ」（同庁長官官房総務官付広報・渉外班）

米海軍は開発を断念

もっとも、レールガンはこれまでに世界中で多数の研究開発例があるが、軍事用途での実用例はない。レールガンの開発を10年以上続けてきた米海軍は、2022会計年度への予算計上を断念している。陸上での実験には成功したものの、艦艇搭載型の開発に至らなかったのが原因としている。

最大の課題が電源の大きさである。防衛装備庁が開発目標に掲げるレールガンでは、1MA（メガアンペア）オーダーの大電流を出力できる電源が必要になるという。さらに放電時間は同庁の過去の開発例から、数ミリ秒オーダーとみられる。これまでのレールガン開発の多

図41　試作した中型レールガンの構成
防衛装備庁が2021年までに試作した口径40mmのレールガン。全長は約6m、重さは約8トン。電源部は充電電圧が8.5kV、充電エネルギーが5MJ。弾丸部は全長約16cm、重さは約320g（出所：防衛装備庁）

くが失敗に終わった原因の1つは、こうした要求を満たせる電源技術がなかったことにある。

防衛装備庁はレールガン用電源として、同容量のコンデンサーを多数並列接続したユニットである「コンデンサーバンク」の使用を想定している。それでも、小型化に対する技術的なハードルは高いとみられている。

今回洋上射撃試験を実施したレールガンがこの技術を使っているのか、電源問題に解決のめどが立ったのかなどは現時点で不明だ。事実としてあるのは、米海軍が開発をあきらめた艦艇搭載型を防衛装備庁が実証にこぎつけたという点である。なお、防衛省は2024年度予算の概算要求の中で、レールガンの研究費として238億円を計上している。

コラム

日本も極超音速巡航ミサイルを開発

防衛装備庁は、HGV対処用誘導弾（AD-SAM）だけでなく、極超音速巡航ミサイル（HCM）の開発を進めている。シンプルな構造でありながら、極超音速での飛翔を可能にするスクラムジェットエンジンを搭載する極超音速の飛翔体である。

2019年度からスクラムジェットエンジンや耐熱材料、構造など要素技術の研究を開始（2025年度まで）しており、2023年度からはシステムとして飛行実証を含めた研究を開始する。終了は2031年度で、総費用は約1857億円を予定している。

防衛装備庁は、2023年3月に開催された防衛・セキュリティーの総合展示会「DSEI Japan」に、開発中のHCMの模型を展示した（**図B-1**）。機体底部にスクラムジェットエンジンを搭載する。

なお、2022年7月には、宇宙航空研究開発機構（JAXA）の内之浦宇宙空間観測所で、JAXAと共同でスクラムジェットエンジンの燃焼飛行試験を実施し、成功している。

図B-1　開発中の極超音速巡航ミサイルの模型
空気取り入れ口に生じた衝撃波で空気を圧縮し、圧縮された超音速の空気に燃料を噴射・燃焼させて推力を得るスクラムジェットエンジンを搭載する（写真：日経クロステック）

第5章
目指すは「無人防衛」

周辺各国が軍事力を増強し、「第4章　迫りくる新たな脅威と対策」で見てきたような新たな脅威も迫るなか、日本が構築を目指すべき究極の防衛体制が「無人防衛」である（**図1**）。ドローン（無人機）、AI（人工知能）、統合型監視システムなどを駆使することで、人間の介在を限りなくゼロに近づけるのだ。

無人防衛の長所は多い。(1) 人的なリスクや損耗を減らせる、(2) 有人装備より安価にできる、(3) 人的資源の面で制約がある有人装備を数的に補完し得る、(4) 長期連続運用が可能、(5) 戦い方や部隊の構造を一変させる可能性がある、などである。

ドローンなら攻撃を受けて破壊されたとしても、人間には直接危害は及ばない。戦闘機や艦艇などに比べて大幅に安価である点も大きなメリットだ。人手不足が深刻な日本にとって、無人化を進めることは特に大きな意味がある。

ここでいうドローンは無人航空機（UAV：Unmanned Aerial Vehicle）のみを指しているわけではない。陸上の無人地上車両（UGV：

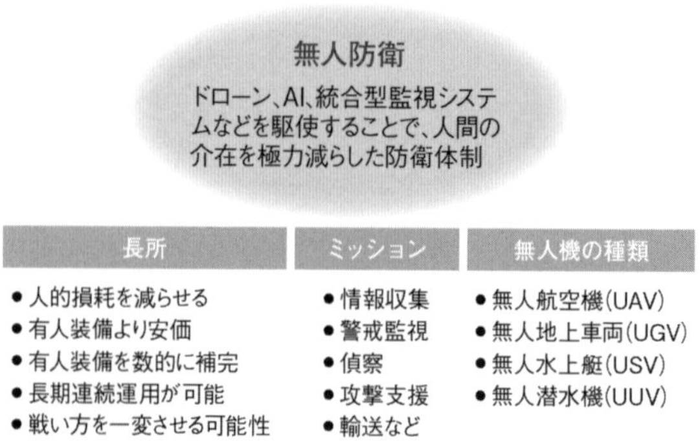

図1　無人防衛の長所や対応可能なミッション
陸・海・空の様々なドローンを駆使して、警戒監視、情報収集、偵察、攻撃支援、輸送など様々なミッションを、人間の介在を極力減らして行う。人的損耗を削減できるのが最大のメリットだ（出所：日経クロステック）

Unmanned Ground Vehicle)、水上の無人水上艇（USV：Unmanned Surface Vehicle)、水中の無人潜水機（UUV：Unmanned Underwater Vehicle）を含む陸・海・空のドローンをフルに活用し、情報収集、警戒監視、偵察、そして攻撃支援など様々なミッションを行う。ドローンの運用には陸上や海上のセンサー、宇宙空間に配備された人工衛星からの情報も利用する。

もちろん、「無人」をうたうからといって人間の介在がゼロになるわけではない。ドローンに指示を与えることや、ミッションにおける最終判断、緊急時の対応は人間が行う必要があるし、ドローンの運用にはそれなりに人手がいる。

しかし、日常の警戒監視や情報収集などは統合型の監視システムがドローンを管理して自動で行い、何らかの事案が発生した際は人間が介在するような運用が理想だろう。防衛装備庁は、四方を海で囲まれた日本にとって特に重要な「水中防衛」について**図2**のような将来コンセプトを描いている。陸上司令部などからのモニタリング下で、UAV、USV、UUVなど多数のドローンが有機的に協調し、設定した識別圏内における警戒監視、支援などを自律的に行う。

例えば、海中を監視するUUVは地上司令部と直接通信できないため、海中に設置されたネットワーク型分散自律センサーを通じて司令部と常時接続され、指令を受けたりする。

日本の国土は世界で61位（中国は4位）の広さだが、排他的経済水域（EEZ）の面積は世界8位（中国は11位以下）と大きい。しかし、現状、海岸線や港湾の警戒監視はほぼ人手頼みで、穴だらけである。

もし、台湾有事が起きれば敵国は海からも攻めてくることが予想されており、水中の無人防衛体制の構築が喫緊の課題になっている。

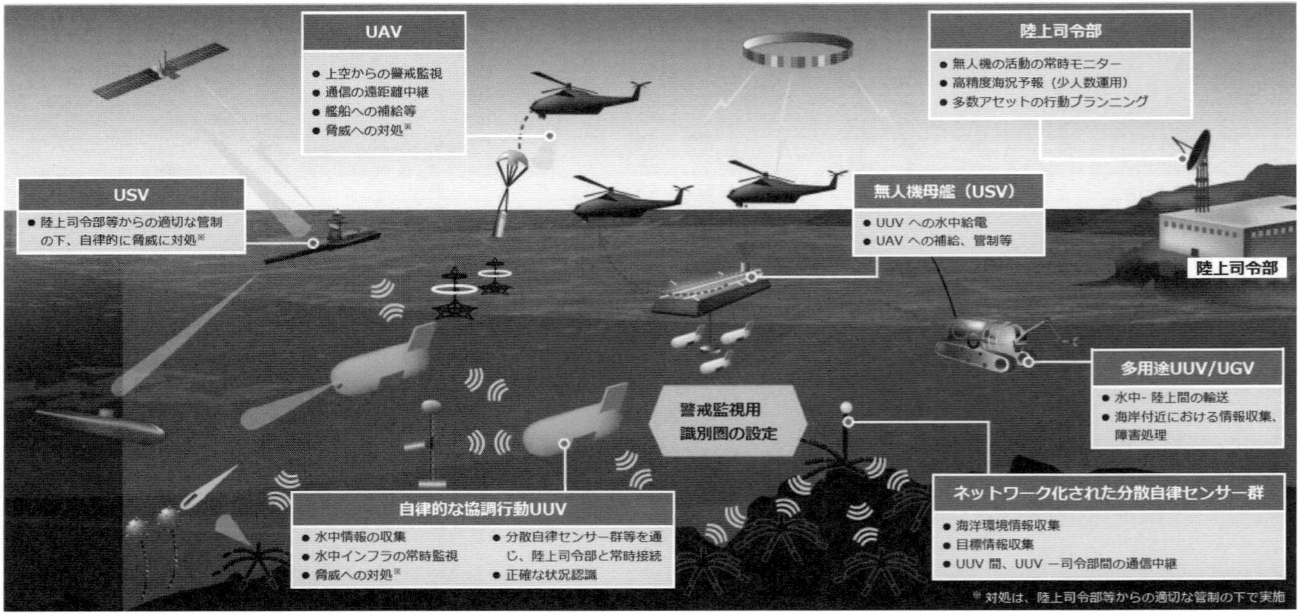

図2 「水中防衛」の将来コンセプト
UAV、USV、UUVなど各種のドローンが有機的に協調し、自律的にミッションを遂行する。四方を海に囲まれた日本にとって、この「無人防衛」体制の確立は非常に大きな意味がある（出所：防衛装備庁）

27年度までに無人アセット配備

政府は2022年12月に策定した「国家防衛戦略」において、今後防衛力を抜本的に強化するために重要な能力として、ドローンをフル活用する「無人アセット防衛能力」を挙げた。無人アセットをAIや有人装備と組み合わせれば、「部隊の構造や戦い方を根本的に一変させるゲームチェンジャーとなり得る。空中・水上・水中などでの非対称的な優勢を獲得することが可能」としている。

防衛省報道室は無人アセットについて、「中国も開発・配備を進めているとみられ、無人アセットの我が国周辺における活動の活発化も確認されている。さらに、AIを活用した無人アセットなどを前提とした軍事力強化を加速させているとみられる」としている。

国家防衛戦略では、2027年度までに早期装備化やリースなどによって無人アセットを導入し、幅広い任務での実践的な能力を獲得する方針を掲げた。特に、水中優勢を獲得・維持するためのUUVの早期装備化を進めるとした。そのために、2023年度からの5年間で計約1兆円の経費を計上している。

さらに今後、約10年後までに、無人アセットを用いた戦い方をさらに具体化し、日本の地理的特性などを踏まえた機種の開発・導入を加速して本格運用を拡大するとした。

ここで肝になる技術がAIである。昨今の生成AIブームにみられるように、AIの能力は急速に成長している。今後はその進化によって自律的に行えるミッションが増え、無人化のレベルは高まっていくだろう。例えば、AIで複数の無人アセットを同時に制御するようなことができるようになる。

AIの進化の行き着く先として想定されるのが、攻撃などの最終判断までAIに委ねてしまうことだ。人間が関与せずに自律的に攻撃目標を設定し、致死性を有する「自律型致死兵器システム（LAWS)」である。LAWSはまだ存在しないとみられるが、人道上の観点から、国際的な規制に関するルールづくりが急務となっている。

実際、国連による「特定通常兵器使用禁止制限条約（CCW)」の枠組みの下、政府専門家会合（GGE）が2017年から開催され、LAWSの定義、人間の関与の仕方、国際人道法上の課題、規制のあり方などについて議論が続けられている。ところが、各国の様々な思惑もあり、現時点で規制などについての結論はまだ出ていない。

ドローンが次世代戦闘機のお伴に

AIは既存のミッションから人の介在を減らしていくだけでなく、人を支援する役割も果たす。ドローンによる有人機との連携強化がそれだ。

例えば、各国が開発を進めているものに、有人機の「ロイヤル・ウィングマン（僚機)」としてのドローンがある。戦闘機（有人機）から大まかな指令を得ながら、例えば偵察や防御射撃、敵機の攻撃の盾になるなど、有人機の補佐的な役割を担う。日本とイタリア、英国が共同で開発する「グローバル戦闘航空プログラム（GCAP)」における次世代戦闘機も、基本的には自律的なシステムとペアで運用する方向性が決まっている（**図3**)。

米空軍研究所（AFRL）は2023年8月2日、開発中のUAV「XQ-58A Valkyrie」がAIによる操縦で、3時間に及ぶ実証飛行に成功したと発表した（**図4**)。このAIのアルゴリズムはAFRLが開発。機械学習で訓練し、何百万時間ものシミュレーションで性能を磨き上げたという。XQ-58Aもロイヤルウイングマンとして機能するように設計されている。

図3　日本の次世代戦闘機「GCAP」のイメージ
イタリア、英国と共同開発をする。GCAPは基本的に、自律的なシステムとペアで運用するとされている。2024年から開発に着手し、2035年の運用開始を目指す（出所：防衛省）

図4　米空軍研究所が初のAI操縦飛行に成功
AFRLのUAV「XQ-58A Valkyrie」。機械学習で訓練し、何百万時間ものシミュレーションで磨き上げられたAIによって、3時間の飛行に成功した（写真：米空軍研究所）

陸・海・空のドローンを統合制御する監視システム（三菱重工業）

無人防衛を実現するためには、各種のドローンやセンサーネットワークなどのハードウエアのみならず、それを統合制御するネットワーク型の監視システムが重要な要素になる。三菱重工業は、沿岸・洋上監視、重要インフラ警備など安全保障用途向けの監視システム「CoasTitan」を開発している（**図5**）。各種センサーを搭載した自律型ドローンをネットワーク化して情報を一元管理することで、少人数のオペレーターによる対象物の監視・点検などを可能にする。

「陸・海・空すべての領域のドローン（空中／水上／水中／陸上）やセンサーを接続して一元管理できるのが特徴」（同社防衛・宇宙セグメント先進システム事業推進部主幹部員の溝上栄美氏）としている。

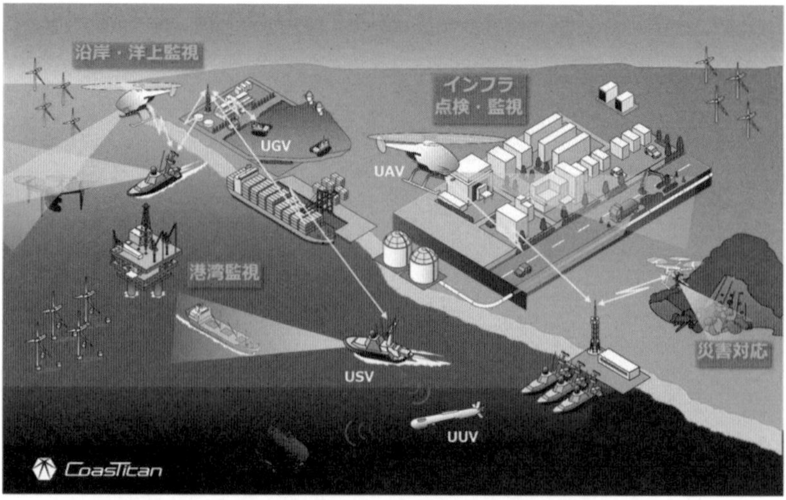

図5　CoasTitanを活用した自律型ドローンによる監視のイメージ
陸・海・空すべての領域のドローンやセンサーを一元管理して統合制御できる。沿岸・洋上監視といった安全保障用途のみならず、インフラの点検・監視や災害対応への応用も可能だ（出所：三菱重工業）

テロリストの侵入や密輸、不法入国などの脅威を、陸・海・空の監視で阻止する。

CoasTitanは様々なタイプのドローンを統合制御することで、これまでどうしても人手が必要だった部分をドローンで代替する。例えば、陸上の指揮所には最低限の人数の担当者が詰め、そこからドローンに対してミッションを与えたり、ドローンによって送られてくる映像を監視したりする。ドローンはAIを活用して自律的にミッションを達成する。

具体的には、指揮所の監視担当者がシステムのタッチパネル画面上で、各種のドローンに対して監視業務の実行を命令すれば、後はシステムがAIや各種のアルゴリズムを活用して複数のドローンを自律的に制御する。例えば、ある機体のバッテリーが切れそうなときは、充電ステーションがある場所に自律的に帰還し、その代わりに別のドローンが業務に当たるといったこともできるという。

指揮所では監視担当者がドローンから送られてくる映像やデータを見て、不審なドローンや船、ダイバーなどが監視対象エリアに侵入した場合は、ドローンに追跡や情報収集の指示を出す。

「監視業務は通常、ドローンが自律的に行う。ただし、運用次第ではあるが、どの船を追跡するかなどは基本的に人間の判断に委ねることになる」（三菱重工 防衛・宇宙セグメント先進システム事業推進部部長の新藤直樹氏）

こうした統合的な自律型ドローンの活用には「劇的な省人化効果がある」（溝上氏）。これまでは、それぞれの有人機にオペレーターが必要なうえ、現場に配置する人員が多くなると指揮所にもそれに応じて多くの人手が必要になっていたからだ。

20ノットのUSVに自動着艦

三菱重工は2023年3月に開催された防衛・セキュリティーの総合展示会「DSEI Japan」に、同社が開発したUSVやUAV、CoasTitanなどを出展した。その中で、USVとUAVをCoasTitanに接続して監視業務を行うデモを見せた。

同社によれば、世界的にUSVやUAVなどを統合した監視業務の運用事例はまだなく、国内外の来場者から「ここまで統合しているシステムは初めて見た」という声が多く寄せられたという。

CoasTitanは、顧客のミッションに応じて他社製のドローンも連携できるという。CoasTitanは現在、実証フェーズだが、実用化されれば世界をリードすることになる。

なお、ドローンの自律運用において同社が独自技術としているのが

図6　三菱重工が開発したUSVとシングルローター型のUAV
USVは、自走式機雷処分用弾薬（EMD）を水中に投入したり、UAVが離着陸するための甲板を取り付けたりできる。USVは長さ8.8m×幅3.05m×高さ6.35m（マスト展張時）。重さは約6トン。一方、UAVの最大離陸重量は約20kgで、ペイロードは約8kg。航続時間は最大30分（写真：三菱重工業）

「自動離着船技術」だ。波で揺れているUSVの甲板上に、UAVが船との距離や位置を推定しながら自動で着船する技術である（**図6**）。実証実験では、20ノット（時速約36km）で航行する船に着陸することに成功しているという。

1km先の不審ドローンを検知するシステム　(NEC)

画像認識・分析、AIを活用したドローンの監視システムの開発を進めているのがNECだ。同社は2023年6月に開催された展示会「Japan Drone 2023」に、現在実証を進めている「低高度空域監視ソリューション」を初出展した（**図7**）。

国の重要施設、空港、原子力発電所など監視対象エリアに侵入するドローンを光学カメラやセンサーで検知し、位置を特定。不審ドローンであれば外部の警備機構に通知する。対象はマルチローター型のド

図7　画像認識技術でドローンかどうかを識別
NECは得意とする画像認識技術を用いて、監視対象エリアに侵入する飛行物体がドローンかどうかを識別するソリューションを開発中（出所：NEC）

ローンである。

国内では2022年12月に有人地帯での補助者なし目視外飛行、いわゆる「レベル4」が解禁され、ドローン活用の拡大が期待されている。ただし、ドローンの安全かつ効率的な運航のためには、飛行許可・承認の取得が必要な「特定飛行」(空港周辺の上空、地上から150m以上の空域、人口集中地区の上空など)や飛行禁止対象エリアの空域監視は不可欠だ。安全保障の観点から、不審ドローンへの対処の必要性が高まっている。

NECが開発した監視システムは、**図8**のようなフローで監視を行う。まず、光学カメラ、レーダー、電波センサーなどのマルチセンシングで監視対象エリアに侵入する飛行物体の位置情報を検知する。次に、飛行物体がドローンかそれ以外なのか、機体の型式・形態を画像認識で類別・識別する。

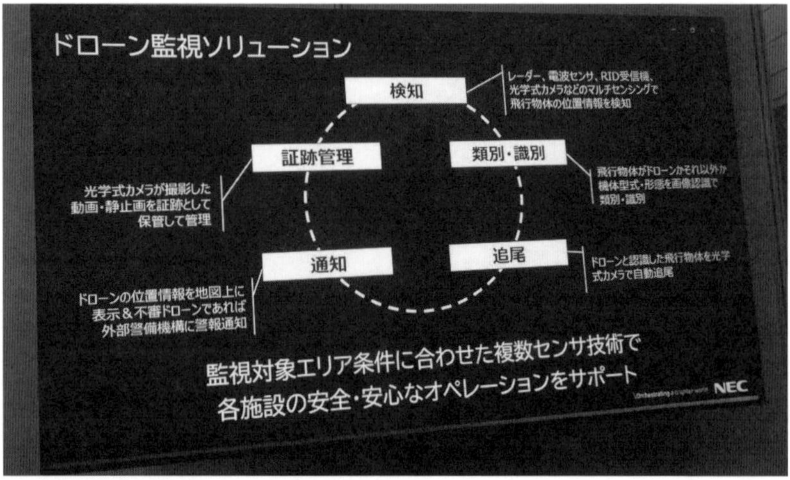

図8　「低高度空域監視ソリューション」のフロー
「検知」「類別・識別」「追尾」「通知」「証跡管理」から成る。監視対象エリアに合わせて複数のセンサーを活用する(出所：NEC)

それがドローンであれば、国内で搭載が義務づけられているリモートID情報などをUTM（Unmanned Aircraft System Traffic Management、ドローン運航管理システム）の飛行計画情報と照合し、友好的なドローンか、不審ドローンかを識別する。通常、不審ドローンはリモートIDを搭載していない。

検知したドローンはカメラで追尾。ドローンの位置情報を地図上に表示し、不審ドローンであれば外部の警備機構に通知する（**図9**）。最後に、カメラが撮影した動画や静止画を証跡として保管・管理する。

ドローンの監視システムは他社も手掛けているが、NECはドローンが背景に埋もれてしまうような、目視しづらい環境でも画像処理技術で捉えるとしている。「1km先を飛行するマルチローター型ドローンも画像で認識できる」（NEC）

開発したソリューションは、監視用途以外に、物流やインフラ点検

図9　エリア内に侵入するドローンの位置を特定
ドローンを追尾して位置情報を地図上に表示し、不審ドローンであれば外部の警備機構に通知する（出所：NEC）

などの分野におけるドローンの状態監視および異常検知、運航プロセスの効率化などに貢献できるという。

闇夜で数km先の船を識別する超高感度カメラ　（キヤノン）

無人防衛では監視カメラの性能も重要になる。特に日本の場合は闇夜の海から侵入してくる不審船などを探知するニーズが高い。キヤノンは2023年8月下旬、人間の目にはほとんど何も見えない0.001lux（ルクス）という低照度環境下でも、数km先の沖合を進む船を識別できる、レンズ交換式の超高感度カメラ「MS-500」を発売した（**図10**）。世界初のカラー撮影用のSPAD（Single Photon Avalanche Diode）センサーを搭載したカメラである。

暗視性能に優れる約320万画素・1.0型（1インチ）のSPADセンサーと、高い望遠性能を有する放送用レンズを組み合わせることで、沿岸・港湾、国境、発電所などの重要インフラ設備における遠方監視用途に向ける（**図11**）。レンズマウントは、放送用レンズで主流の「バヨネットマウント」（BTA S-1005B規格準拠）を採用する。

図10　世界初のSPADセンサー搭載カメラ
レンズ交換式超高感度カメラ「MS-500」。SPADセンサーは1.0型で約320万画素。カメラ本体は丈夫で、多目的に使えるようにボックス形状に設計してある（写真：キヤノン）

例えば、夜間の港湾監視において、数km先を航行する不審な船舶を発見するだけでなく、フルHDで鮮明なカラー画像を撮影することで、船体の種類も確認できるとしている（**図12**）。

SPADセンサーはイメージセンサーの一種だが、現在、カメラで広く採用されているCMOSセンサーとは動作原理が異なる。CMOSセンサーはある一定時間に画素に入ってきた光の量を測るのに対し、SPADセンサーは画素に入ってきた光子（フォトン）の数を計測する。

SPADセンサーでは、画素に光子が入るとすぐに電荷（電子と正孔

図11　MS-500と放送用レンズを組み合わせる
レンズマウントは放送用で主流のバヨネットマウント（BTA S-1005B規格準拠）を採用。写真はMS-500に装着したところ。レンズは「HJ40e×10B IASE-V H」。焦点距離（エクステンダーなし）は10〜400mm（写真：キヤノン）

図12　闇夜で5km先の沖合を撮影した画像
闇夜のような暗い環境下では、従来のCMOSセンサー搭載カメラでは遠方の被写体の識別が困難だった。MS-500ではフルHDのカラー画像で撮影するため、被写体が5km先でも船体の種類などを識別可能である（写真：キヤノン）

のペア）に変換され、その電荷が雪崩のように大量に発生する「アバランシェ（雪崩）現象」を利用して瞬時に約100万倍に増幅する（**図13**）。このため、光子の入射を大きな電荷として取り出すことができる。

CMOSセンサーでは、光を電気信号として読み出す際に、原理上、ノイズが混ざってしまうが、SPADセンサーでは光子の個数をデジタル的に数えるため、電気的なノイズなしに暗い場所でもわずかな光を検出できるという。

昼間の撮影では両者に大きな差は出ないものの、夜間にその差は顕著になる。例えば、星明かりより少し明るい程度の0.1lux（ルクス）の夜の海で4〜5km先の船を撮影すると、CMOSセンサー搭載カメラでは「ノイズに埋もれて、光るものが動いているのが分かる程度。一方、MS-500では船だとはっきり分かる。波の状態も捉えられる」（キヤノン イメージソリューション事業本部イメージソリューション商品企画センター高度監視商品企画担当主席の川邊猛氏）という。

図13　約320万画素・1.0型のSPADセンサー
2021年12月に開発を発表した。従来のSPADセンサーは約100万画素だったが、それを3倍以上に高画素化した（写真：キヤノン）

キヤノンはこれまで市中の監視用途向けに、CMOSセンサーを搭載する多目的の高感度カメラ「ME20F-SH」にEFレンズ（フルサイズ一眼レフカメラ対応のレンズ）などを組み合わせたりした、近中距離ソリューションを提供していた。一方、MS-500は遠距離の監視用途に向ける。

MS-500とME20F-SHはどちらもフルHDの撮影ができるが、MS-500はME20F-SHに対して「観測したい被写体を約10倍の画素数で見ることができる」（川邉氏）。これによって周囲が暗くても被写体の船舶がノイズに埋もれないうえ、船の種類などの識別も可能になるとしている。

無人化の効果をシミュレーション　(Ansys)

一口に有人機をドローンで代替するといっても、人間が操作する有人機とドローンが同じことができるとは限らない。自動運転ロボットは多くの場合、人間による操作に比べて作業効率が大幅に低かったりする。つまり、ドローンを多数活用した監視システムなどを導入する際には、事前にシミュレーションを実施してその効果を検証・最適化する必要がある。

シミュレーションツールを開発する米Ansys（アンシス）は、防衛分野に向けたシミュレーション事業を日本国内でも強化している。同社は想定した動作をするシステムのモデルを、運用環境のモデル内でシミュレーションする「デジタルミッションエンジニアリング（DME）」に注力している。DMEは航空宇宙など産業分野のみならず、防衛でも重要度が増している。開発期間の短縮や導入における様々なリスクの低減に効果的であるためだ。

ドローンを活用した港湾や沿岸部の監視・警備の導入を計画している際、アンシスのDMEを使えば、例えば1機当たりのコストが高い哨戒機から複数台のドローンを用いたシステムへの変更すると、どのようなリスクと効果があるかを定量化できるという。

さらに、ドローンの機体の形状が相手のレーダーにどう映るのか、敵の電子戦からどのような影響を受け、どう対抗できるのか、などについてもシミュレーションができる。

図14は、哨戒機を1機使った場合とドローンを5機使った場合の監視ミッションの成果分析事例で、カバレッジ（索敵範囲）や所要時間を比較できる。ドローンを使うとカバレッジは同等以上になるが、監視に3倍の時間がかかるとシミュレーションは分析している。

「こうしたシミュレーションは、従来は人間が机上の計算で行っていた。しかし、人間に依存すると、高い精度を実現するのにかなりの時間と労力を要するのが問題だった。一方、当社が提供するようなツールを使えば数値計算に従って、効率的に改善を繰り返して精度を向

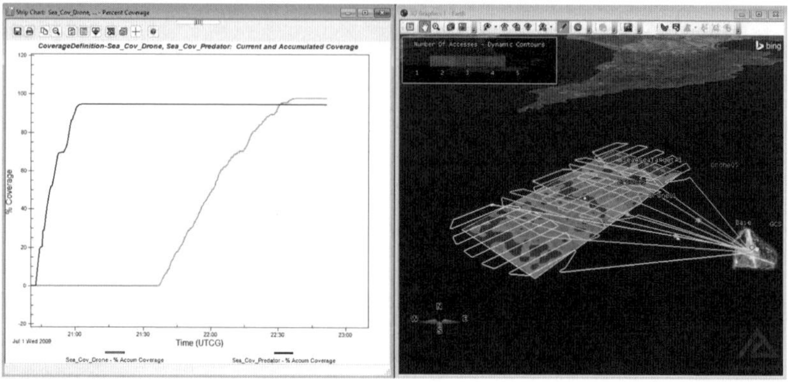

図14　海上のドローン監視のシミュレーション
哨戒機を1機使った場合とドローンを5機使った場合のカバレッジや所要時間を分析した例である。左のグラフで立ち上がりが早いのが哨戒機、遅いのがドローンによるカバレッジ（出所：Ansys）

上できる」と、同社航空宇宙・防衛部門CTO（最高技術責任者）のSteve Bleymaier氏は話す。

アンシスのツールはオープンアーキテクチャーで、顧客の組織が既に持っている様々なシステムやツールに接続できる可用性の高さもメリットだとしている。

キーテクノロジーは「ドローン」、「宇宙」、「量子」

以降、第6～第8章では世界的に開発競争が激化しており、かつ無人防衛という未来に大きなインパクトをもたらす技術分野の最新動向を紹介する。

第6章は無人防衛の要である「ドローン」、第7章は安全保障の基盤として重要度が急速に高まっている「宇宙」、第8章は将来的に安全保障にも破壊的なイノベーションをもたらす可能性があると期待されている「量子」である。

第6章
戦場のゲームチェンジャー「ドローン」

「（ロシアによるウクライナ侵攻で）ドローンは脇役から主役になった」。元防衛装備庁長官で、防衛技術協会理事長の渡辺秀明氏は、安全保障分野におけるドローン（無人機）の位置づけの変化をこう表現する。

軍用のドローンはこれまでも軍事作戦に使われてきたが、ウクライナ戦争で明らかになったのは市販の小型ドローンが戦場でも十分に活用できる点だ。こうしたドローンは専門的な訓練をしなくても飛行させることができ、スーツケース大の箱に入れて簡単に持ち運べる。「信頼性」が最も重視されてきた軍用装備品の世界で、“おもちゃ”を起点とする市販ドローンが活躍したことは、大きなパラダイムシフトと言える。

実はウクライナでは、2014年のロシアによるクリミア侵攻後、市販ドローンを戦場で使えるように改造する民間の半ボランティア組織が立ち上がり、来たるべきロシアの侵略に備えて準備を進めてきたという。こうした市販ドローンの活躍が、ロシアを苦戦に追い込んでいる一因との分析もある。

日本経済団体連合会（経団連）の政策委員会の1つである防衛産業委員会は従来、市販の回転翼（マルチローター）型ドローンを研究の対象外としていたが、「今や無視できない存在になった」として調査を始めている。

安全保障の世界では、ミサイルや核兵器といった伝統的な兵器に対して力を相殺する「オフセット」が重要とされてきた。従来は、その手段としてミサイルや核兵器の開発で対抗するのが常だったが、最近では新技術で対抗しようという「サードオフセット（第3のオフセット）」の動きが加速している。AI（人工知能）を搭載したドローンはその要である。

人命損なわず圧倒的に低コスト

ドローンが重要なのは、以下のような特徴を持つためである。(1) 運用中に撃墜されたとしても人命を損なうことがない、(2) 戦闘機やミサイルなど従来の兵器と比較して圧倒的に低コストである、(3) 様々なセンサーなどを搭載することで多くのミッションに利用できる、(4) 機体が小型で低速なのでレーダーで探知・追尾できない。

最近、安全保障関係者の間で大きな脅威とみなされているのが、多数のドローンが協調しながら群れを成して飛来する「スウォーム攻撃」だ。防空網に引っかからずにいきなり群れで攻撃、一部が撃墜されても残りのドローンでミッションを達成する。将来、AIがさらに進化し、各ドローンが自律的に様々な判断ができるようになることを考えると末恐ろしい。

日本としてはこうした攻撃に備えた防衛体制を構築する必要がある。一方でスウォーム飛行は防衛や監視ミッションに使える可能性もあり、防衛省は2023年度から研究を開始している。

ホビー用でも十分役に立つ

ドローンの用途は、情報収集、偵察、攻撃、輸送、通信中継など幅広い。機体には固定翼型と回転翼型があり、特性に応じて使い分けられている。回転翼型にはプロペラが複数のマルチローター（マルチコプター）と1つのシングルローターがある。後者はいわゆる無人ヘリコプターである。

固定翼型は通常の航空機と同様、翼を持つため、飛行効率が高く、高速で長距離を飛行できる。一方、マルチローターの回転翼機は低速で航続距離は短いが、構造がシンプルでコストが安いのが特徴だ。垂直離着陸できるので専用の発射台などが不要な点もメリットである。

軍用のドローンは固定翼型が多いが、機体は最大離陸重量が数kgから数トン以上などかなり幅がある。

ウクライナ戦争で使われている軍用固定翼型ドローンの代表例が、ウクライナが使用するトルコBaykar（バイカル）の「Bayraktar TB2」である（**図1**）。巡航速度は時速130km、飛行高度は約5400～7500mで航続時間は27時間と長い。

ウクライナ軍は、TB2を高高度からの偵察、情報収集、攻撃の支援などの目的で使っている。TB2には光学カメラ、暗視カメラ、SAR（合成開口レーダー）など様々な種類のセンサーが搭載されており、敵軍の戦車がどの周波数帯の電波を使用しているかなどの情報も常に収集しているという。

図1　トルコ製の軍用固定翼ドローン「Bayraktar TB2」
機体は翼幅12m、全長6.5mで、最大離陸重量は650kg。ペイロードは150kg。エンジン駆動で、連続約27時間飛行できる。最大300kmの通信が可能（写真：Baykar）

もう1つ、ウクライナで実戦使用されて注目を集めているのが、米国がウクライナに提供した自爆型ドローン「Switchblade 300 Block 20」である（**図2**）。迫撃砲から発射する小型の固定翼型ドローンで、発射後は歩兵からの遠隔操作を受けて偵察し、目標を発見したら歩兵の指示で突入する。飛行時間は最大20分強と短く、小型なので装甲車両の撃破はできないが、通信アンテナなどの特定のターゲットの破壊には有効である。

一方、マルチローターは、市場で圧倒的なシェアを誇る中国DJIなどの市販製品が多数使われている。マルチローターは電動の場合、飛行時間は最大でも30分程度で運用高度も低いが、近距離の偵察、敵の位置の同定、兵士を追跡しての陣地特定、弾着観測などに使われている。「DJIのドローンでも十分役に立っている」（防衛技術協会）。

改造を施して手りゅう弾などの爆弾を投下できるようしたマルチローターもある。操作者がカメラの映像を見ながら戦車上空の低高度から装甲（ハッチ）の薄い部分を狙って比較的精度よく投下して打ち抜

図2　米国がウクライナに供与した自爆型ドローン
米AeroVironment（エアロバイロメント）が開発した「Switchblade 300 Block 20」。迫撃砲から発射される小型の固定翼型ドローンである。1.8kgの爆薬を搭載し、20分強飛行が可能としている（出所：AeroVironment）

ける。このため、相手にとっては脅威となっている模様だ。

固定翼型ドローンの場合は、ホバリング（停止飛行）ができないため目標地点に爆弾を落とすには高度な計算が必要だが、マルチローターは標的の真上から落とせるので、そうした計算は不要である。

国産ドローンにチャンス

政府は2022年12月に策定した「防衛力整備計画」で、攻撃機能を持つドローンの自衛隊での整備も盛り込んだ。現在、自衛隊は攻撃型ドローンを保有しておらず、偵察機も一部にとどまる。

防衛力整備計画にはこう書いてある。「我が国への侵攻を阻止・排除するため、空中から人員・車両・艦艇等を捜索・識別し、迅速に目標に対処することが可能となるよう、各種攻撃機能を効果的に保持した多用途／攻撃用無人機（UAV：Unmanned Aerial Vehicle、ドローン）及び小型攻撃用無人機（UAV）を整備する」。

ドローンの開発では、日本は中国や米国などの後塵を拝している。このため、固定翼型の攻撃用ドローンは、海外から輸入して調達する可能性が高い。

一方、マルチローターは様々なタイプが日本の企業によって開発されている。ドローン技術はデュアルユース（軍民両用）なので、民生向けのマルチローターを防衛用として様々な形態で活用できる。

実は世界市場で70％を超えるシェアを持つとされるDJIのマルチローターは、ウクライナ軍、ロシア軍の双方が利用している。ところが、防衛技術協会によると、ロシアがウクライナに侵攻後、DJIが提供している、自機以外のドローンや、その操縦者の位置を把握できるドローン検知システムがウクライナ側だけで使えなくなったという。原因は不明だが、ウクライナ側を妨害するために、誰かが仕掛けた攻撃の可能性がある。ウクライナ政府はDJIのドローンは安全性を担保できないとして、ウクライナ軍の兵士にDJIのドローンをWi-Fiや移動通信網に接続しないように指示した。

こうした事例が示すように、安全保障分野ではセキュリティーが担保された装備品が必要になる。日本には国産のマルチローターとして、新エネルギー・産業技術総合開発機構（NEDO）が主導し、ACSLが開発した「SOTEN（蒼天）」がある（**図3**）。SOTENは寸法が637mm×560mm（プロペラ含む）、重量は1.7kgと小型・軽量な空撮ドローンで、用途は限定されるものの、飛行や撮影データの漏洩や抜き取りの防止、機体の乗っ取りへの耐性を実現している。

具体的には、コンピューターセキュリティーの規格「ISO 15408」に基づくセキュリティー対策を施すとともに、機体の主要部品に国産品もしくは信頼性が高い海外からの調達品を採用。通信・撮影データ

図3　セキュリティー対策を施した国産ドローン
4Kの標準カメラは、赤外線カメラ＋可視カメラ、マルチスペクトルカメラ、光学ズームカメラなどと交換して使用することが可能だ。災害対応やインフラ点検などに向けて開発したが、防衛用途にも使える（写真：ACSL）

の暗号化、国内クラウドでの取得データの保護などセキュリティーを強化している。

三菱重工のほぼ“空飛ぶ軽トラ”

三菱重工業はペイロード（最大積載量）が200kgと、ドローンとしては群を抜いて大きいマルチローターの機体を開発している。2023年6月に開催された展示会「Japan Drone 2023」で、同社が明らかにした（**図4**）。最大積載量が350kgの軽トラックには及ばないものの、“ほぼ軽トラ”と言ってもいい。全長は約6mで物資輸送に向ける。現在、仕様策定や各種試験を実施しているという。

「固定翼型を含めるとドローンではペイロードが100kgぐらいまでの開発品はあるが、200kgレベルはない。後発の当社としては、そこを目指そうとしたのがきっかけだ」（三菱重工）としている。同社がこれまで民間航空機開発で培ってきた安全性や品質保証、認証取得に関するノウハウを、ドローンに生かすことを狙っている。

図4　ペイロード200kgの大型ドローン
全長は約6m。画面は、2022年9月に試作機を初飛行させたときの様子（写真：日経クロステック）

開発中の大型ドローンは、6本のアームの先端に上下2基、合計で12基のローター（プロペラ）を装備する。タブレット端末操作による自律飛行や自動ルート計画作成に対応しており、巡航速度は通常、時速60km、最大時速90km。アームは着脱が可能で、アームを取り外せば4トントラックで運搬できるという。

動力はリチウムイオン電池の純電動に加え、エンジンと同電池のハイブリッドの2種類を開発している。航続時間は前者が20〜30分、後者が最大2時間を目標としている。なお、前者の試作機は2022年9月に初めての飛行試験を実施済みだ。

ただし、実運用に向けた認証取得（TC）のハードルは高そうだ。この機体は通常のドローンではなく、より多くの積載量をより遠くへ運ぶ「無操縦者航空機」という新しいカテゴリーに入るからだ。現状では有人航空機と同様、「型式証明」の取得が必要になる。「現在、国土交通省で詳細を検討しており、その動向を注視している」(三菱重工)としている。

Ninjaのお化けエンジン搭載、川重の固定翼ドローン

上記以外にも、様々な防衛用途に使えるユニークな固定翼型ドローンの開発が、複数の国内企業によって進められている。

川崎重工業傘下のカワサキモータースは、2023年3月に開催された防衛・セキュリティーの総合展示会「DSEI Japan 2023」で、同社の二輪車「Ninja H2R」用のエンジンをベースに開発した航空機用エンジンを搭載するドローンの開発構想を披露した（**図5**）。

高度3万フィート（約9150m）を飛行する。航続距離が数百km程度の電動系ドローンと、1万km以上のガスタービン系ドローンとの

中間の数千km程度を飛行するニーズに向ける。用途は、物資輸送や情報収集などを想定している。

現在は開発構想を進めている段階で、2025～2026年ぐらいに航空機用エンジンの型式証明取得に向けた開発をスタートし、2030年ごろの取得を目指す。並行して固定翼タイプの無人航空機の試作機を開発する計画。ただし、開発目標時期は未定としている。

Ninja H2Rの直列4気筒のレシプロエンジンは、排気量が1Lと軽量ながら、機械駆動遠心式過給機（スーパーチャージャー）を搭載することで高い出力を発揮する（**図6**）。回転速度が1万4000rpm（回／分）時に300馬力を出す、“お化け”エンジンである。

一方で、「ドローンでは安定的にプロペラを回転させることが多く、

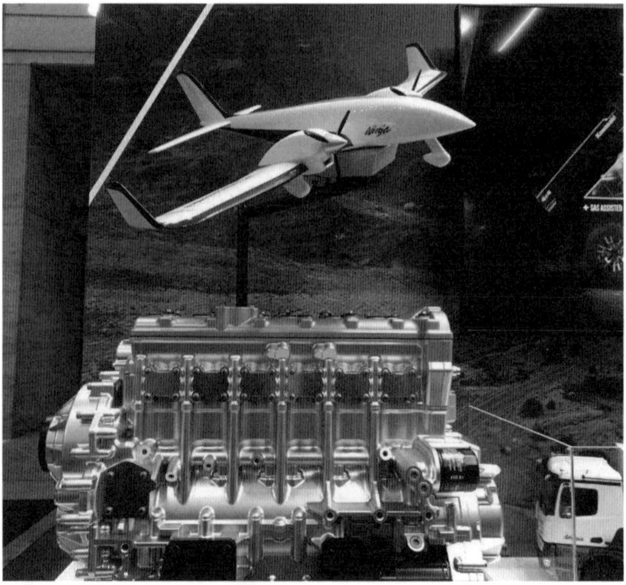

図5　開発中のエンジンと無人航空機の模型
「Ninja H2R」用のエンジンをベースに開発した航空機用のエンジン（下）。それを2基搭載する無人航空機の模型（上）（写真：日経クロステック）

二輪車向けのような瞬間的な高い回転速度は必要としない。むしろ、軽量で高出力なことが求められる」（説明員）。そこで、Ninja H2R用エンジンと同じピストンと動弁系を使いながら改良を加え、排気量2.1L、直列6気筒の過給機（ターボチャージャー）付きエンジンを開発する計画だ。最高回転速度は8500rpmで、出力は380馬力である。

カワサキモータースが開発を計画する無人航空機は2種類ある。開発したエンジンを2基搭載するタイプと、1基のタイプである。

2基のタイプは、航続距離が2700km、ペイロードが500kg、最高速度は時速400kmである。一方、1基のタイプは、航続距離が2000km、ペイロードが250kg、最高速度は時速600kmである。

エンジンが1基のタイプは、全長5.8m、翼幅5.6mと小型であるため、専用発射台と共にトラックに載せて運び、トラックからそのまま離陸させることも想定しているという。

図6　300馬力のエンジンを搭載した「Ninja H2R」
サーキット走行専用モデルで、約300馬力を出力するエンジンを搭載したモンスターマシンである（写真：川崎重工業）

3mの波でも離陸できる飛行艇型ドローン

2023年6月に開催された航空宇宙業界の国際見本市「2023 Paris Air Show」で、日本のスタートアップが出展したドローンのコンセプトモデルが注目を集めた。スペースエンターテインメントラボラトリー（福島県南相馬市）が発表した、飛行艇型ドローンの次世代コンセプト機である（**図7**）。

水上を滑走路にして離着陸（離着水）する双胴型のドローンで、主翼中央部に用途に合わせたペイロードを搭載できる。機体重量は1トン、翼幅は14mで、ターボプロップエンジンによって駆動する。ペイロードは300kgで、各種センサーの他に、例えば無人潜水機「UUV（Unmanned Underwater Vehicle）」を搭載して海中の監視や調査ミッションなどに使えるという。

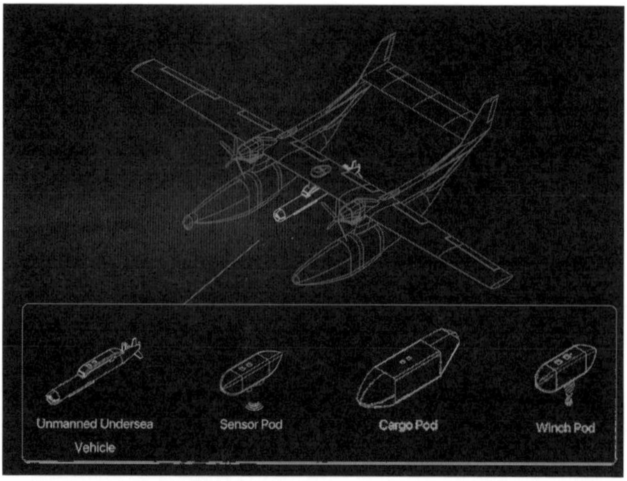

図7　飛行艇型ドローンの次世代コンセプトモデル
水上を滑走路にして離着陸する双胴型のドローン。最大ペイロードは300kgで無人潜水機なども運ぶことを想定している（出所：スペースエンターテインメントラボラトリー）

「水中に物を運べるドローンというのは、他にないコンセプト。双胴型なので重量物を安定して運べる。2020年代には実用化したい」と同社CEO（最高経営責任者）の金田政太氏は抱負を語る。

固定翼型のドローンは、マルチコプターと比較して長時間・長距離の運用が可能だ。半面、離着陸に滑走路などが必要になるマイナス面がある。日本ではそれに適した場所を確保しづらいため、同社は海面など水上を滑走して離着陸する飛行艇型ドローンの開発に特化している。特徴は、搭載するカメラやセンサーで上空から水面（地面も含む）をセンシング／モニタリングしたり、着水した状態で水中をセンシング／モニタリングしたりできることだ。

「防衛や科学観測、民間の3つの分野での利用を想定している。例えば、海上の石油関連施設で油の流出事故があった際のモニタリングを、現在の有人作業から無人化できる可能性がある」（同氏）

通常の自律飛行型ドローンは、事前に航路などを設定するアプリケーションでウェーポイントを指定しておくと、それに沿って飛行するが、同社のドローンは水上航行も含めることができる。つまり、自動で目的地まで飛んで着水した状態で海上調査をして戻る、という使い方ができる。

既に同社は、2つのサイズの飛行艇を開発している。いずれもコンセプト機のような双胴型ではなく、胴体が1つのタイプである。

1つは、翼幅が3.1mの「HAMADORI 3000」。開発は既に完了し、現在事業化を進めている。離陸重量は19kgで、光学カメラや赤外線センサーを搭載して約2時間航行できる。バッテリーで駆動する。

もう1つは、現在開発中の「HAMADORI 6000」（**図8**）。翼幅は6mで、離陸重量は100kg、ペイロードは10kgを想定している。エンジン駆動によって約8時間航行し、航続距離は400海里（約740km）を目指している。

有人の飛行機や船舶による従来の監視・海洋観測はコスト負担が大きいため、それを無人化もしくは省人化するニーズは大きい。実現手段としては、無人水上艇「USV（Unmanned Surface Vehicle）」や観測ブイなどもあるが、即応性に課題がある。一方、HAMADORI 6000は何らかの事案が遠方で発生しても、すぐに現場に行ける。

「対象海域として排他的経済水域（EEZ）の200海里をカバーできる。遠距離を自律飛行するため、衛星通信機（インマルサット）を搭載する」（同氏）としている。HAMADORI 6000は2022年度から試作機で実証実験を開始しており、2023〜2024年度に実用化したいとする。

技術面では、波にうねりがあっても自動で離着水できる点に特徴があるという。HAMADORI 3000は最大2mのうねりがあっても離着水が可能。一方、同6000は最大3mを目指して開発を進めている。

図8　400海里飛べる「HAMADORI 6000」
エンジン駆動による大型の飛行艇型ドローン。航続時間は約8時間で、航続距離は400海里（約740km）を目指している。遠距離を自律飛行するため、衛星通信機（インマルサット）を搭載する（写真：スペースエンターテインメントラボラトリー）

「短い滑走距離で水上からしっかり飛び上がる技術に強みがある。波のうねりがある沖合では、機体が波につっこんでひっくり返ったりする。実際、開発中は機体を何機も壊してしまった。機体設計や制御の工夫によって、波にうねりがある中でも飛ばすことができるようになった」(同氏)

周辺の風の影響にもよるが、水面をおよそ数十m滑走することで離陸できる。一方、着水は100m以内でできるが、センサーの誤差を勘案すると運用時は数百mの距離を確保する必要があるとしている。

同社が主要な応用分野として期待しているのが防衛で、2023年3月のDSEI Japan 2023にも出展している。HAMADORI 6000がEEZ内の最大往復距離をカバーしているのは、そこでの海洋監視のニーズに応えるためだ。金田氏は「防衛省とは話をしている。海外の防衛関係者からも、ユニークなコンセプトの機体であるとして注目を集めている」と話す。

次世代の動力源「ガスタービン」

現状、ドローンでは動力源として主に、リチウムイオン／ポリマーバッテリーとガソリンエンジンが使われているが、それぞれに一長一短がある。バッテリーは小型・軽量で環境負荷が低い半面、航続距離が短い。一方、エンジンは航続距離を稼ぐことができるが、環境負荷が高く騒音も大きい。そこで、ドローン、さらには有人のeVTOL(垂直離着陸)機、いわゆる“空飛ぶクルマ”への搭載を目指して開発が活発化しているのがガスタービン発電機である。

国産のeVTOL機開発を手掛けるスタートアップHIEN Aero Technologies(東京都小金井市)は2023年6月、ガスタービン発電による

eVTOL機の浮上試験に成功した。試験に使ったのは、人が乗れるeVTOL機ではなく、浮上する際の電力負荷変動特性の取得や評価を目的とした技術検証用の機体だが、「浮上に成功したのはおそらく国内初」（同社）としている。

同社は2023年6月に開催されたJapan Drone 2023に、技術検証用の機体とそれをベースに開発するeVTOLタイプの物資輸送用ドローン「HIEN Dr-One」のモックアップを出展した（**図9**）。HIEN Dr-Oneは固定翼タイプだが、eVTOL機なので専用の発射台や滑走路がなくても狭いスペースで離着陸できる。

ガスタービンは、エンジンと同様、内燃機関の一種であり、吸気・圧縮・燃焼・排気というサイクルで動作する。排気を利用してジェット噴流を生み出し推進力を得るのが航空機に搭載されているエンジンで、排気の出力を回転力として取り出して発電するのがガスタービン発電機である。

図9 「HIEN Dr-One」のモックアップ
ペイロードが25kg、最大離陸重量が90kgの固定翼型ドローンで、最大時速180km以上、航続距離150km以上を目標にしている（写真：日経クロステック）

ガスタービンは、エンジンなどでは達成できない5万rpm（回転/分）以上という大きな回転速度が得られるため、大電力と高エネルギー密度を実現でき、設計の自由度が高い。また灯油だけでなく、100%バイオ燃料や廃食油など持続可能な燃料を使用して環境負荷を低減することもできる。

ドローンやeVTOL機では、ガスタービン発電機だけでなくバッテリーと組み合わせたハイブリッドシステムが搭載されることになる。ガスタービンで発電機を回し、大きな出力が求められる垂直離着陸時などにはガスタービンとバッテリーの電力を組み合わせ、高度を確保した後の水平飛行時には、発電した電力を電池に蓄えながらモーターを駆動して飛行するといった使い方だ。

航空機で重視される出力密度は、ガスタービンのハイブリッドシステムで約1kW/kg。これは現状のリチウムイオン電池の5倍に相当する。

ドローンやeVTOL機は飛行時に電力消費が激しく変化する。突然、横風を受けたときなどにプロペラの回転数を上げて機体を制御したりするためだ。一方、ガスタービンは高速で回転しているので瞬時に回転数を落としたり上げたりするのが苦手だ。その調整用に電池を活用する必要があるが、なるべく電池容量を小さくしながら電力調整できるかが開発のポイントになる。

HIEN Aero Technologiesは「デジタルダイレクトコントロール」と呼ぶ技術を開発した。ガスタービンで発電した電力の供給量を必要量に合わせるとともに、余剰電力があったら電池に蓄える技術である。具体的には**図10**で、「電力制御システム」が飛行制御システムの情報から必要な発電電力の指令をリアルタイムに出し、電源システム内の整流器（AC/DCコンバーター）が発電電力を制御（デジタル直接制御）

するという。

海中防衛も無人機で

一般にドローンといえば、無人航空機「UAV（Unmanned Aerial Vehicle)」を指す場合が多いが、実は無人機という観点では、海上で使う無人水上艇「USV（Unmanned Surface Vehicle)」、海中で使う無人潜水機「UUV（：Unmanned Underwater Vehicle)」、そして陸上で使う無人地上車両「UGV（Unmanned Ground Vehicle)」なども含まれる（**図11**)。

政府が2022年12月に策定した「国家防衛戦略」では、防衛力の抜本的強化に必須の能力の1つとして「無人アセット防衛能力」を挙げた。ここでは、「空中・水上・水中などの各種無人機を早期に取得して運用する」「無人機にAIを組み合わせて複数機を同時に制御したり、有人機と組み合わせて運用したりする能力を獲得する」などと目標を掲

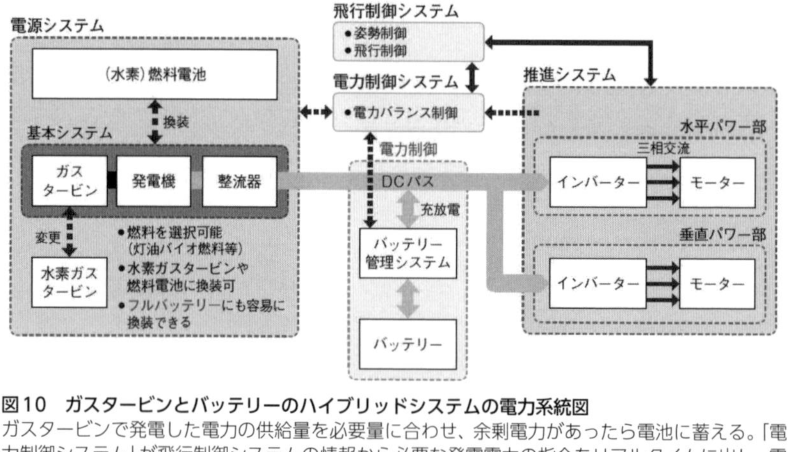

図10　ガスタービンとバッテリーのハイブリッドシステムの電力系統図
ガスタービンで発電した電力の供給量を必要量に合わせ、余剰電力があったら電池に蓄える。「電力制御システム」が飛行制御システムの情報から必要な発電電力の指令をリアルタイムに出し、電源システム内の整流器（AC/DCコンバーター）が実際に発電電力を制御する（出所：HIEN Aero Technologiesの図を日経クロステックが一部改訂）

げた。

UAVは既に戦場で数多く使われているが、USVやUUV、UGVは活用事例がまだ少ない。安全保障と先端技術に詳しい慶應義塾大学総合政策学部教授の古谷知之氏は、ウクライナ戦争に関して日本が参考にできることの1つとして、USVやUUVが実際に攻撃に使われていることを挙げる。ウクライナは2022年10月、ロシアのセバストポリ海軍基地とその周辺の海軍部隊に対して、史上初の自爆型USVによる対艦攻撃を実施した。

古谷氏は、「中国人民解放軍が台湾海峡や日本の南西諸島などに侵入するような事態になったとき、専門家の間ではUSVやUUVが数多く使われるのではないかとの警戒感がある。現状、日本の海中防衛は潜水艦の活動領域に特化しており、それより浅い海域でのUSVやUUVを使った破壊活動に対しては脆弱だ」と指摘する。

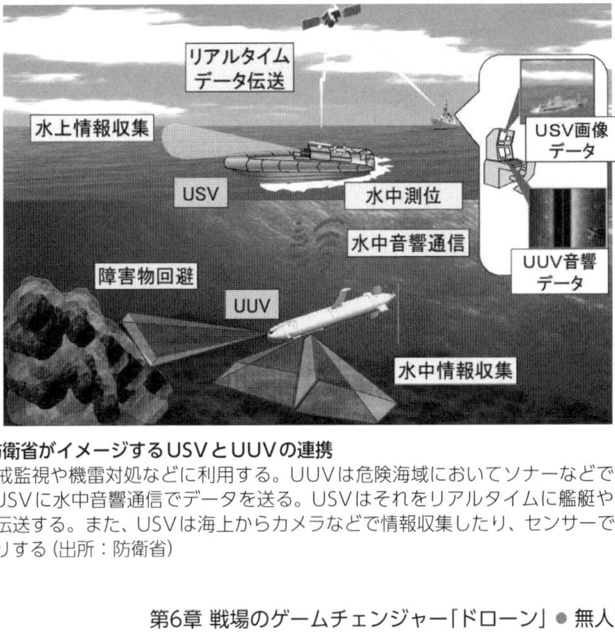

図11　防衛省がイメージするUSVとUUVの連携
海での警戒監視や機雷対処などに利用する。UUVは危険海域においてソナーなどで水中情報を収集し、USVに水中音響通信でデータを送る。USVはそれをリアルタイムに艦艇や陸上の監視所などに伝送する。また、USVは海上からカメラなどで情報収集したり、センサーで水中情報を収集したりする（出所：防衛省）

防衛省は防衛力整備計画において、「艦艇と組んで作戦に使うUSV、水中で障害物などの情報を知らせるUUVも取り入れる」としており、実際に導入や試験を進めている。

海自が機雷処分を無人化する水上艇を試験開始

2023年3月には、海上自衛隊の新型多機能護衛艦「もがみ」に搭載する自律型USVの運用試験が始まった。ジャパン マリンユナイテッド（JMU）子会社で防衛装備品を手掛けるJMUディフェンスシステムズ（京都府舞鶴市）が開発・納入した（**図12**）。「国産で実用段階のUSVを製造しているのは当社のみで、初めての納入事例となる」（同社開発部長の下田義守氏）としている。

もがみに搭載されるこのUSVは、UUVおよび自走式機雷処分用弾薬（EMD）の母船となる。これらの組み合わせによって、有事には母艦が危険海域に進入することなく、海底や海中に仕掛けられた機雷

図12　海上自衛隊に納入された自律型のUSV
JMUディフェンスシステムズが開発した。海上自衛隊の新型多機能護衛艦「もがみ」に搭載される（写真：JMUディフェンスシステムズ）

をソナーなどで探知し、自律的に処分できる。機雷処分任務の無人化を実現し、人的なリスクを大幅に減らすことが期待されている。また、USV単体では、警戒監視や偵察といったユースケースが想定されている。

三菱重工業もUSVの開発を手掛ける一社である。同社は2023年3月のDSEI Japan 2023で、USVの試作機を披露した（**図13**）。沿岸警備や自国の領海への不法侵入、海賊行為、密輸などのリスクを監視する。自律航行だけでなく、遠隔操作にも対応する。

このUSVには周辺を監視するカメラやセンサーが装備されているほか、UAV用の着艦甲板を取り付けて上空から監視したり、UUVを水中に投入したりすることもできる。つまり、海上、海中、上空からの監視を無人で実現する母艦である。

こうした海上、海中、上空からの情報は、同社が開発した自律無人機ネットワーク型監視システム「CoasTitan」に集約する。例えば、

図13　三菱重工が開発中のUSV
自走式機雷処分用弾薬を水中に投入したり、UAVが離着陸できるように甲板を取り付けられたりする。寸法は長さ8.8m×幅3.05m×高さ6.35m（マスト展張時）。重さは約6トン。ディーゼルエンジンで駆動する（写真：日経クロステック）

UAVが決められたエリアを哨戒する際、カメラ映像でAIが不審船などを発見すると、自動的に対象を追尾するという。さらにUSVは、自走式機雷処分用弾薬を水中に投入し、機雷を処分した後、船に引き上げる機能も持つ。

戦闘支援型の次世代USVを研究

防衛省は2023年9月、2024年度に着手する「無人アセット防衛能力」の研究開発において、「戦闘支援型USV」の開発に取り組む構想を明らかにした。このUSVは、同省が「現時点において、国内・諸外国に同様のものは存在しないことから、代替手段はない」とする先進的な機能を有する（**図14**）。

具体的には、脅威の接近を探知すると、潜水してそれを回避。潜航後、周囲情報から安全に浮上する技術を有する。通常、USVは「無人水上艇」であり、潜航はしないが、このUSVは潜航によってステルス性を確保する。さらに、対艦ミサイル発射機能を持たせる。防衛

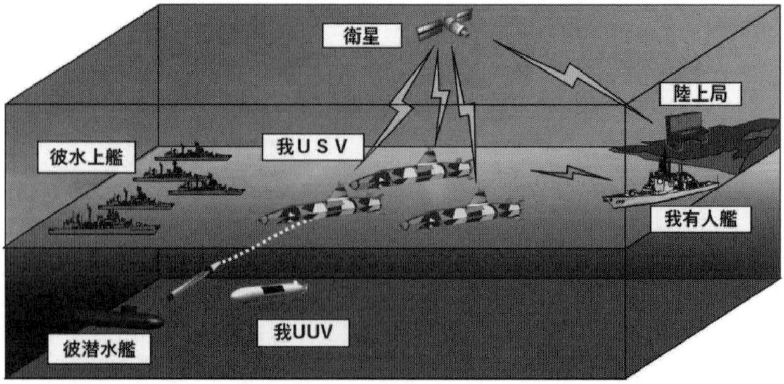

図14　「戦闘支援型USV」の運用構想図
潜航によるステルス性や対艦ミサイル発射などの機能を有する。荒天時でも自律航行できるほか、護衛艦など有人艦艇や陸上施設から遠隔操縦できる機能も持つ。また、複数のUSVを同時運用した際に、USV船隊（フリート）内で運航データを共有する技術を確立するという（出所：防衛省）

省が公表した運用構想図では、船隊を組んだ戦闘支援型USVが、敵の潜水艦に魚雷を発射している。

同省では2024年度から2027年度まで研究試作を行い、2026年度から2030年度までの所内試験で成果を検証するとしている。

多機能化に対応した次世代無人潜水機

国内でUUVの防衛分野への導入も始まっている。海上自衛隊は2023年3月に、もがみ型護衛艦への機雷探知用UUV「OZZ-5」の配備を開始した（**図15**）。三菱重工が開発した。OZZ-5は全長4m、全幅0.5m、重さは200kg。最高速度は5ノット（時速9.26km）で、リチウムイオン電池で最大9時間航行する。

OZZ-5は2種類のソナーを装備する。通常の機雷探知用ソナーで使う数百Hzの音波は、海底面の機雷や、海底からワイヤなどで係留されている機雷（係維機雷）を探知できる。

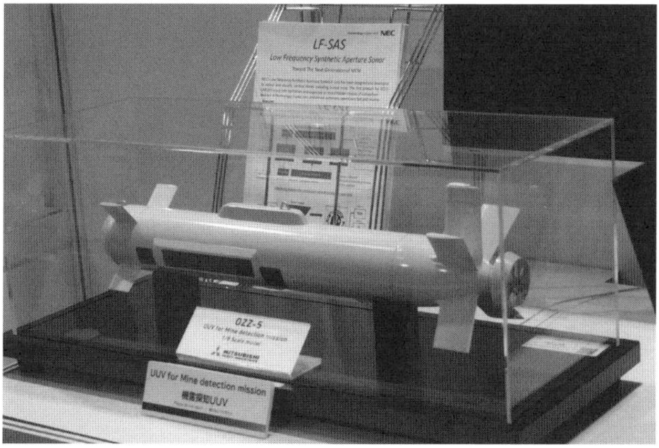

図15　海上自衛隊が導入した機雷探知用のUUV
「OZZ-5」の模型。開発・製造は三菱重工。最高速度は5ノット（時速9.26km）で、リチウムイオン電池で最大9時間航行（写真：日経クロステック）

ところが、これでは海底の泥などに埋没している機雷は探知できない。そこで、分解能は低いものの埋没している機雷からの反射波も検知できる、より低周波のソナーを利用する。このソナーはNECが提供している。

UUVは、母艦（水上艦）とケーブルでつながって遠隔操縦する水中ロボット「ROV（Remotely Operated Vehicle）」とは異なり、自律的な運用が可能なため、母艦や水中作業員が機雷に接近することなく探知できる。対機雷戦における人的リスクを大幅に削減すると期待されている。

なお、このUUVは機雷探知用なので除去する機能はない。除去は、自走式機雷処分用弾薬を搭載したUSVが行ったり、爆弾を搭載したより安価なUUVが実施したりすることが検討されている。

無人洋上中継器と連携する水中無人機

国産初となる実用型の自律型水中無人機「AUV（Autonomous Un-

図16　IHIの水中無人機プラットフォーム
寸法は直径0.7m、長さ5m。重量は1トン。最大深度は3000m。最高速度は4ノット（時速約7.4km）。航続時間は24時間。カメラのほかに、マルチビームソナー（MBS）、サイドスキャンソナー（SSS）などを搭載。用途によって仕様を変更できる（写真：IHI）

derwater Vehicle）[注1]」2機を海上保安庁に納入した実績を持つIHIも、機雷探知用のUUVを開発している。IHIは水中無人機をプラットフォーム化しており、海上保安庁で海底の地形探索ミッションに使っているAUVと基本部分は同じである（**図16**）。

IHIのシステムの特徴は、無人洋上中継器とAUVを組み合わせた運用にある（**図17**）。具体的には、海中を航行する複数のAUVを、海面直下を航行する洋上中継器で管理する。

洋上中継器は、波の影響を受けにくい半没水型のAUVで、アンテナ部（GPS（全地球測位システム）、衛星通信、Wi-Fiを搭載）のみを海上に突き出しながら自律的に航行する。海中のAUVが動いているのか、どこにいるのかなどを、音響通信を使って確認する。複数のAUVの協調運用も可能だ。

図17　半没水型の無人洋上中継器
運用深度は1.5mでアンテナ部のみを海上に突き出して航行する。寸法は直径0.58m、長さ4m。重量は約750kg。最大速力は4ノット（時速約7.4km）以上。航続時間は12時間（3ノット時）（写真：IHI）

注1）AUVとUUVは基本的に同様な自律型水中無人機を指すが、一般にAUVは民生用、UUVは安全保障用と用語が使い分けられている。

海面からはまったく見えない深海などを自律航行しながら機雷などを探索するUUVには、様々な要素技術が求められる。具体的には、(1)深海の高圧力に耐える船体、(2) GPSの電波が届かない海中で自律航行するための制御、(3) 航行に必要なエネルギーの供給、(4) 探索データの収集、などである。

例えば (2) については、AUV自らが搭載するIMU（慣性航法装置）とDVL（ドップラー速力計）、そして洋上中継器から取得するGPSの情報で自己位置を把握するという。

低コスト化に向けUUVをモジュール化

防衛装備庁は2023年3月31日、2022年度の研究開発事業の進捗状況を報告する動画をYouTubeに投稿した。その中で紹介したのが「長期運用型UUV」である（**図18**）。モジュール構造を採用し、ミッションに応じた追加モジュールを船体に挿入することで、多様なミッションに対応する。三菱重工が開発を進めており、2022年12月に試作品を

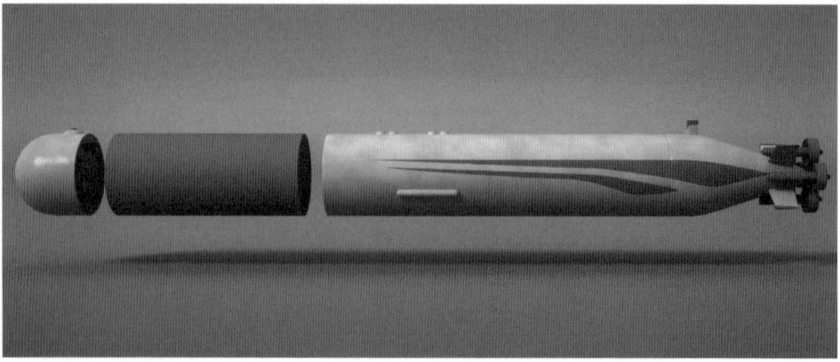

図18　モジュール型UUVのイメージ
機体のモジュール部を入れ替えることで、1機で多様なミッションに対応できるようになる。図で前から2番目の部分がモジュール部（出所：防衛装備庁のYouTube公式チャンネルの動画からキャプチャー）

納入、2023年に海洋での試験を開始している。

日本の防衛装備品はほぼ100%が国内向けなので生産台数が少なく、コストが高くなる傾向にある。そこで、UUVをモジュール化するとともに仕様を共通化し、民生向けの技術を取り込むことで低コスト化を目指す。策定した仕様はオープン化して国内の研究機関や企業と共有する。さらに、将来は民生分野も含めたモジュールの共通規格の策定を推進するとしている。

防衛装備庁の艦艇装備研究所の資料によれば、UUVの機体は「頭部」「モジュール部」「尾部」で構成される。モジュール部は「エネルギー」と「水中機器設置」に分かれており、ミッションに応じてモジュール部を入れ替える。

四方を海で囲まれた日本では「海中防衛」の強化が大きな課題になっている。しかし、その面積は広大で、海中の様子は海上や陸上からは分からない。防衛装備庁は海中防衛の将来像として、陸上司令部のモニタリングの下で、多数のUUVが協調しながら様々なミッションを遂行するビジョンを描いており、多用途に使えるモジュール型UUVはその実現の鍵になる可能性がある。

第7章
地政学的競争の主要舞台になった「宇宙」

「人工衛星の活用が、安全保障の基盤として死活的に重要な役割を果たしている」。「令和5年（2023年）版防衛白書」に記されたこの一文は、安全保障における宇宙の重要性を端的に示している。日本政府の宇宙開発戦略本部は2023年6月13日、「宇宙安全保障構想」を初めて策定した。2022年12月に改定した「国家安全保障戦略」に基づいて宇宙安全保障分野の課題と政策を具体化し、同分野に必要な今後約10年の取り組みを明らかにした。

宇宙安全保障構想の冒頭にはこうある。「今日、宇宙空間は、外交・防衛・経済・情報、そしてそれらを支える科学技術・イノベーション力といった国力をめぐる地政学的競争の主要な舞台となっている」

同構想で特筆すべきは、安全保障における宇宙アーキテクチャーの将来像を示したことである（**図1**）。宇宙開発の動向に詳しい、三菱総合研究所フロンティア・テクノロジー本部フロンティア戦略グループリーダー主席研究員の内田敦氏は、「かなり踏み込んだ内容になっている。日本が整備する計画以外の、誰が整備するのか未定なものまで含めて将来像を示している」と語る。

ここから読み取れるのは、政府が主体となって安全保障向けの衛星を整備するのと並行して、民間の衛星や米国をはじめとする同盟国の衛星と連携をして体制を整備していくビジョンである。

背景にあるのが、(1) ロシアや中国、北朝鮮が対衛星兵器（ASAT：Anti-Satellite Weapon）や極超音速兵器（Hypersonic Weapons）の開発・配備を進めるなど脅威が急速に増大している、(2) ASATには「対衛星攻撃ミサイル」だけでなく、衛星に直接衝突したりする「キラー衛星」などが存在するなど脅威の種類が増えている、(3) ロシアによるウクライナ侵攻で民間衛星の情報が軍事作戦に使われたり、米

SpaceX（スペースX）の衛星ブロードバンドサービス「Starlink」が通信に使われたりするなど民間の技術の重要性が増している、といった状況だ。

内閣府宇宙開発戦略推進事務局参事官補佐の平松邦康氏は、「これまでも宇宙分野は安全保障で重要だった。それがロシアによるウクライナ侵攻でいっそう明らかになった。民間衛星が提供する画像など、民間の先端技術が戦場で活用されるという大きな変化が起きている」と話す。

「みちびき」が11機体制に

宇宙安全保障構想では、安全保障上の目標をこう記した。「我が国が、宇宙空間を通じて国の平和と繁栄、国民の安全と安心を増進しつつ、同盟国・同志国等とともに、宇宙空間の安定的利用と宇宙空間への自

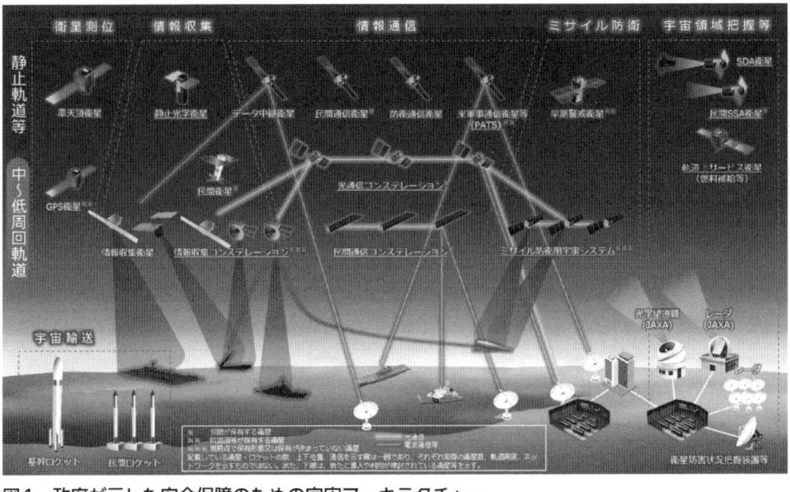

図1　政府が示した安全保障のための宇宙アーキテクチャー
低軌道～静止軌道に配備する様々な衛星や地上システムなどで構成する。ミサイル防衛用宇宙システムなど現時点で日本による保有が決まっていない衛星や、米軍事通信衛星（PATS）など同盟国が保有する衛星も含まれている（出所：内閣府）

由なアクセスを維持すること」

この目標を達成するためのアプローチとして3点を提示した。(1) 安全保障のための宇宙システムの利用を抜本的に拡大、(2) 宇宙空間の安全かつ安定的な利用の確保、(3) 安全保障と宇宙産業発展の好循環の実現、である。

例えば (1) では、衛星コンステレーション（多数機の衛星の一群およびシステム）や情報収集衛星などによる情報収集、安全保障用通信衛星の多様化、衛星測位機能の強化などを挙げた（**表1**）。

ここでは同盟国との連携を強化するとともに、政府による民間サービスの調達を拡大するとした。これによって、「スタンド・オフ防衛能力」の確保や海洋状況把握（MDA：Maritime Domain Awareness）などに必要な目標の探知・追尾能力を獲得する。スタンド・オフ防衛能力は、自衛目的で敵のミサイル拠点などへの打撃力を持つことで、敵の攻撃を踏みとどまらせる反撃能力である。

現在4機体制の準天頂衛星システム「みちびき」については、米国

衛星の種類	軌道	利用目的など
通信衛星	静止軌道	遠距離に位置する部隊との連絡など。日本は「Xバンド防衛通信衛星」を保有
早期警戒衛星	静止軌道	弾道ミサイル発射の早期探知。米国のDSP、SBIRSなど。日本は保有せず
気象衛星	静止軌道	気象状況の把握・予測。日本は「ひまわり」を保有
測位衛星	中軌道	正確な場所の把握、システムの時刻同期、ミサイルなどの誘導。米国はGPS、日本は準天頂衛星を保有
画像などの情報収集衛星	低軌道	警戒監視や情報収集。日本は「情報収集衛星」を保有。民間の光学衛星やSAR衛星の情報も使われる
通信衛星コンステレーション	低軌道	極超音速兵器の探知・追尾、遠距離に位置する部隊間、戦闘機、艦艇との通信など。米SDAが安全保障用の「PWSA」を構築中。SpaceXの「Starlink」など商用通信衛星も使われている

表1　安全保障で使われる衛星の種類と利用目的例
早期警戒衛星や防衛用の通信衛星など安全保障専用の衛星もあるが、民間の観測衛星や通信衛星も活用されている（出所：日経クロステック）

のGPS（全地球測位システム）に頼らない単独での測位を可能とする7機体制の構築に向け、2023〜2024年度にかけて順次衛星を打ち上げる。

さらに2024年度からは、将来の11機体制に向けた検討・開発を開始する。衛星の故障などのトラブルに対応するための追加である。一方で、準天頂衛星6号機および7号機には、米国との相互防衛援助協定に基づく「ホステッド・ペイロード協力」の決定によって、米国の宇宙状況監視（SSA：Space Situational Awareness）センサーを搭載し、SSA能力を高める予定だ。

(2)では、ASATやスペースデブリなどの脅威・リスク拡大に対応するため、宇宙領域把握（SDA：Space Domain Awareness）[注1)]や軌道上サービスの活用などを挙げた。宇宙物体の位置や軌道などの情報を把握するSSAでは、防衛省が宇宙航空研究開発機構（JAXA）と引き続き協力するほか、民間企業がSSA衛星などで収集した情報の取得を拡大するとしている。

対・極超音速兵器では米国と連携？

現時点で保有や保有形態が決まっていないものの、宇宙アーキテクチャーに記載されているものに、低軌道に配備される「ミサイル防衛用宇宙システム」がある。

これは、静止軌道に配備された早期警戒衛星では難しいとされる極超音速兵器の探知・追尾向けに、低軌道に配備する衛星コンステレーションである。極超音速兵器はロシアがウクライナ侵攻において実戦で初めて使用し、中国も第一線の部隊に配備するなどしており、各国

注1）SDAとSSAはほぼ同義で使われる場合もあるが、2023年6月に閣議決定された「宇宙基本計画」では、SDAは「宇宙物体の運用・利用状況及びその意図や能力を把握すること」、SSAは「宇宙物体の位置や軌道等の情報を把握すること」と定義されている。

の脅威が急速に高まっている。

この兵器は、マッハ5（音速の5倍）以上の極超音速で、通常の弾道ミサイルより低い軌道を長時間飛翔（ひしょう）し、さらに任意のタイミングで速度や高度を変えたりする機動性を持つ。地球の3万6000km上空を周回する早期警戒衛星では発射を探知できても、距離が遠すぎるために追尾ができない。そこで赤外線センサーなどを搭載した小型衛星のコンステレーションを低軌道に配備して追尾する。

この衛星コンステレーションでは、衛星が取得した情報を即座に地上へ送るため、電波と比べて桁違いの「ギガクラス（数Gbps以上）」のスループットを実現する光衛星通信が採用される。

米国防総省（DoD）の宇宙開発局（SDA：Space Development Agency）は2023年4月2日、極超音速兵器の探知・追尾などを目的とした軍事用低軌道衛星コンステレーション「Proliferated Warfighter Space Architecture（PWSA）」を構成する最初の衛星を打ち上げた。最終的に、光衛星通信機能を搭載した1000機以上の衛星でコンステレーションを構築する計画だ。

日本は極超音速兵器の探知・追尾に関しては、自国のみでの対応は難しそうだ。防衛省は「米国との連携の可能性も踏まえ、現在、検討を行っている」（同省報道室）としている。**図1**では、低高度を飛翔する極超音速兵器をミサイル防衛用宇宙システムで追尾し、日本が整備する光衛星通信を利用したコンステレーションに情報提供をしているように見える。

米国では、商用の通信衛星コンステレーションを安全保障向けにも活用する取り組みが進められている。例えば、米空軍研究所（AFRL）は今後数年をかけて、商用コンステレーションを活用した、どこでもつながる空軍および地上軍システムの実証を行う。

これは商用宇宙インターネットを使用したAFRLの防衛実験（DE-USCI）プログラムの一環で、戦闘員に対して地球上のどの場所にいても確実につながり、さらに回復力がある通信を提供することを目的としている（**図2**）。

22年の打ち上げ成功はゼロの日本

宇宙安全保障における日本の最大の弱点はロケットにある。日本は“死活的に重要”な衛星を宇宙に運ぶ基幹ロケットに関して、2022年10月に「イプシロンロケット6号機」、2023年3月に次世代の主力ロケット「H3ロケット試験機1号機」と、打ち上げに相次いで失敗した（**図3**）。

2022年のロケット打ち上げ成功回数は、週1回を上回るペースで打ち上げを実施しているSpaceXを擁する米国が83回、急速に打ち上げ回数を増やしている中国が62回、ロシアの21回に対して、日本はなん

図2　米空軍研究所が実証を進める通信システムのイメージ
商用コンステレーションを活用しながら、地球上のどの場所にいても確実につながり、さらに回復力がある通信を戦闘員に対して提供することを目的としている（出所：Northrop Grumman）

とゼロだった。1トン以上の衛星を打ち上げることのできるロケットを保有する国は、日本を含めて世界で7カ国しかないが、最近のロケット開発の停滞は深刻な事態である。

経済安全保障相の高市早苗氏は、「最大の課題は衛星を打ち上げる輸送手段となる基幹ロケットである」と発言しており、2023年度内の打ち上げが予定されている「H3ロケット試験機2号機」の成功に大きな期待がかかっている。

安全保障向け衛星の民間開発が活発化

民間には独自の強みを持つ大手企業やスタートアップがあり、2023年には安全保障関連で新たな取り組みを開始している（**表2**）。

例えば、安全保障用途向けの衛星を開発する三菱電機は2023年2月、スペースデブリ除去など軌道上のサービスで世界先端の技術を有するアストロスケールホールディングス（東京・墨田）に約2500万米ドル

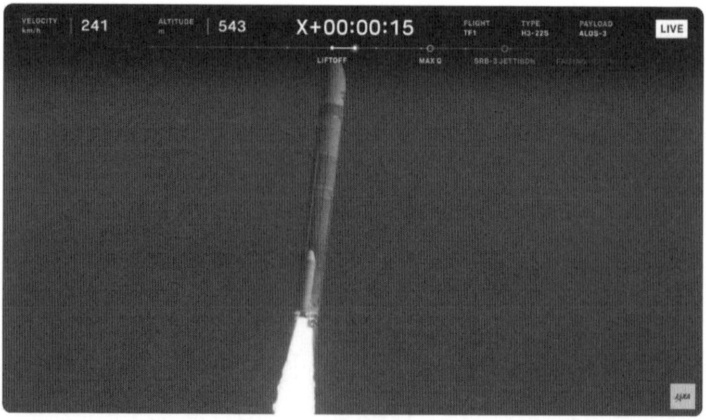

図3 「H3ロケット試験機1号機」の打ち上げの様子
打ち上げは2023年3月7日に実施。第1段分離までは正常に飛行したが、第2段エンジンが着火せず、打ち上げに失敗した。JAXAはH3ロケット試験機2号機の打ち上げを2023年度内に予定している（出所：宇宙航空研究開発機構（JAXA）の公式チャンネルの動画からキャプチャー）

（約37億円）を出資。日本の安全保障用衛星で使用する衛星バスの共同開発・製造で協業する。衛星バスに、アストロスケールが開発するドッキングプレートを搭載し、運用終了時に自身で軌道離脱できない場合に除去できるようにするという（**図4**）。

スカパーJSATは2023年3月に、小型のSAR（合成開口レーダー）衛星のコンステレーションの構築を進めているQPS研究所（福岡市）に出資した。SAR衛星はマイクロ波を地球に向かって照射し、反射波を受信することで地表面の物性や起伏などを観測できる。カメラで地表を撮影する光学観測衛星は非晴天時や夜間は観測できないこともあるが、SARにはその問題はない。

SAR衛星は安全保障を含め様々な用途に使われているが、小型衛星の開発には高度な技術が必要とされるため、世界で同衛星を開発・運用している主要企業はまだ5社と少ない。QPS研究所と、日本のSynspective（東京・江東）は世界のトップランナーの一角を占める。

時期		内容
2023年	2月	三菱電機がアストロスケールホールディングスに出資。日本の安全保障用途向けの衛星に使用する衛星バスを共同開発・製造へ
	3月	スカパーJSATがSAR衛星を開発・運用するQPS研究所に出資
		IHIと米Northrop Grummanが防衛省向けの小型SSA衛星開発で協業
		アクセルスペース、Space Compass、情報通信研究機構（NICT）、NECの共同チームが、新エネルギー・産業技術総合開発機構（NEDO）が公募した、光衛星通信を搭載する衛星コンステレーション基盤技術の開発・実証プログラムに採択
	9月	アストロスケールホールディングスの米国子会社が、衛星に燃料補給をする技術の開発で米国宇宙軍と契約。2550万米ドル（約38億円）を取得し、燃料補給衛星の試作品を開発へ
	10月	大阪大学発のスタートアップEX-Fusion（エクスフュージョン）が、デブリ対策にレーザー技術を活用する目的で、オーストラリアEOS Space Systemsと基本合意

表2　国内企業による安全保障関連の最近の動き
（出所：日経クロステック）

日本版光通信衛星コンステの開発が始動

自ら光学観測衛星を開発・運用すると同時に、小型衛星の開発を低コスト化・短納期化するサービスを手掛けるアクセルスペース（東京・中央）は2023年3月、新エネルギー・産業技術総合開発機構（NEDO）が公募した「光通信等の衛星コンステレーション基盤技術の開発・実証」に、Space Compass（NTTとスカパーJSATの合弁）、情報通信研究機構（NICT）、NECとともに採択された。期間は2029年度までの最大8年間で、予算は最大600億円のプロジェクトである。

この開発・実証は、政府が主導する「経済安全保障重要技術育成プログラム（K Program）」の1つである。K Programは、中長期的に日本が国際社会において確固たる地位を確保し続けるうえで不可欠な要素となる先端的な重要技術について、民生利用のみならず公的利用につながる研究開発や成果の活用を推進するもの。防衛、政府、民間

図4　アストロスケールの商業デブリ除去実証衛星
2023年度内にミッション実施を予定している「ADRAS-J」。デブリ除去を含む軌道上サービスにおいて不可欠な要素であるRPO（ランデブー・近傍運用）の機能を実証する。実際の大型デブリへ安全に接近し、デブリの状況を明確に調査するという世界初の実証を行う。なお、こちらの衛星は商業用と位置づけている（写真：アストロスケールホールディングス）

のマルチユースを目指している。

今回の開発プロジェクトでは、2024年度までに光衛星通信の端末を搭載した2機の衛星を同一軌道面に打ち上げ、光リンクなど要素技術の実証に着手する。さらに2026年度から2027年度にかけて10機程度の光衛星通信の実証衛星を打ち上げ、衛星間の光通信機能・性能を実証する。

そして、2029年度までに複数の軌道面に地球観測衛星を含む複数の光通信衛星を配備し、日本近傍で光衛星通信ネットワークシステムとしての機能・性能を検証するという（**図5**）。

4者の主な役割分担はSpace Compassがオペレーターとして全体を取りまとめ、NECが300〜400kg級の中型光通信衛星を、アクセルスペースが200kg級の小型光通信衛星や光学観測衛星を開発する。

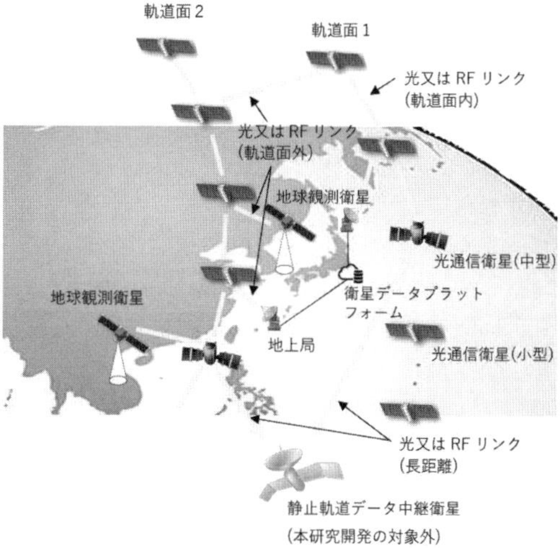

図5　K Programで構想する光衛星通信ネットワークシステム
複数の軌道面に配置された小型と中型の光通信衛星から成る光通信衛星コンステレーション、観測データを生成する地球観測衛星、地上局、ネットワーク統合制御システムなどで構成される（出所：NEDO）

NICTはネットワーク技術を提供する。

通信速度の目標値は、同一軌道面内の衛星間で通信可能距離が4000kmの場合に2G～5Gbps（ビット/秒）以上、異なる軌道面で同距離の場合に2Gbps以上である（**表3**）。通信可能距離は、コンステレーションを構成する衛星の機数などに依存する。

欧州も独自の光通信衛星コンステを構築

日本と同様、米SDAのPWSAと比較すると遅れは否めないが、欧州でも光衛星通信の本格的な実証プログラムが始まった。

欧州連合（EU）は2023年2月14日、欧州独自の通信用衛星コンステレーションの構築計画「IRIS²」を認可した（**図6**）。EU向けに安全で回復力があるブロードバンド通信を2027年までに提供するのが狙いで、防衛のみならず、政府（災害対応など）、民間でのマルチユースを目指す。総予算は24億ユーロ（約3840億円）である。

IRIS²は、複数の軌道を周回する衛星をネットワーク接続したコンステレーションである。2025年から2027年の間に、低軌道に最大170機の通信衛星を打ち上げ、その後、中軌道や静止軌道にも同様の衛星を打ち上げる。

開発対象	内容	詳細
衛星	光通信衛星（小型）	200kg級、軌道高度1000km
	光通信衛星（中型）	300～400kg、軌道高度1000km
	地球観測衛星	100kg級、軌道高度600km
低軌道衛星間光通信技術	軌道面内光通信	通信速度2G～5Gbps以上、通信距離4000km
	軌道面外光通信	通信速度2Gbps以上、通信距離4000km
	静止軌道光通信	通信速度2Gbps以上、通信距離4万km

表3　K Programでの開発要素
NECが300～400kg級の中型光通信衛星、アクセルスペースが200kg級の小型光通信衛星や光学観測衛星を開発する（出所：NEDOの資料から日経クロステックが作成）

「IRIS^{2}はテクノロジーフォロアーではなくセッターである」。EUの政策執行機関である欧州委員会（EC）は、IRIS^{2}についてこう記した。具体的には量子暗号通信や複数軌道のネットワーク接続などの先端技術を採用するという。

実は光衛星通信の採用については現時点では明言されていないが、高速で量子暗号通信が使えるネットワークを構成することから、業界関係者は光衛星通信を採用するとみている。光衛星通信の端末開発で世界をリードするメーカーの1社であるドイツのMynaric（マイナリック）は、IRIS^{2}計画を歓迎するプレスリリースを出している。

Mynaricは既に、SDAのPWSAに端末を提供している（**図7**）。通信速度が2.5Gbpsの端末である。衛星を開発する米Northrop Grumman（ノースロップ・グラマン）がこの端末を採用する。

一筋縄ではいかない

「光衛星通信は接続が難しい技術。実現に向けた課題は多い」。アク

図6　欧州独自の通信衛星コンステレーション計画が始動
「IRIS^2」は、EU向けに安全で回復力があるブロードバンド通信を衛星から提供する。170機の衛星で構成する。総予算は24億ユーロ（出所：EU）

セルスペース取締役CSO（最高戦略責任者）の太田祥宏氏はこう言う。実際、光衛星通信では驚くほどの高精度が求められる。数百〜数千km離れた距離にある衛星が搭載する直径10cm以下の光アンテナ（望遠鏡）の窓に、正確にレーザー光を当てる必要がある。

光衛星通信端末は、光アンテナ、粗捕捉追尾機構、精捕捉追尾機構などを含む内部光学系、光送受信系、制御装置などで構成される（**図8**）。まず、粗捕捉追尾機構で通信をしたい相手の衛星の光アンテナの窓を捕捉追尾し、内部光学系と同軸にある精捕捉追尾機構でロックオンをして送受信する。

ところが、低軌道の場合は静止軌道などより衛星が速く動くうえ、異なる軌道面同士では相対速度が生じるので難易度が高い。

「技術開発が難しい点として、恐らく異論がないのは、低軌道の異なる軌道面同士での追尾・接続の維持。距離が数百km以上離れ、かつ相対速度があってお互いの位置が変わる中でジンバルを制御して光アンテナの窓にレーザー光を正確に当て続けなくてはいけない」（太

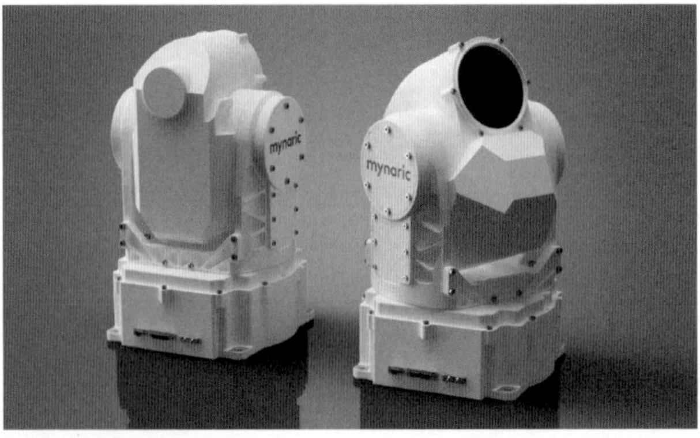

図7　Mynaricの光衛星通信端末
Mynaricが開発した光衛星通信端末「CONDOR Mk3」。通信速度は2.5Gbps。光アンテナの口径（右の写真で黒い丸の部分）は80mm。PWSAのトランスポートレイヤー衛星を開発する米Northrop Grumman（ノースロップ・グラマン）が採用している（写真：Mynaric）

田氏）。もし、接続が途切れたら次に接近してくる衛星と即座に接続を確立するなど自律的なネットワーク制御が重要になる。

実は低軌道の衛星同士が光衛星通信に成功した実証例はあまりなく、DoD傘下のDARPA（国防高等研究計画局）は2022年に、低軌道衛星コンステレーション「Blackjack」プロジェクトで成功したと発表している程度だ。

大きな技術課題は他にもある。NEC航空宇宙・防衛ソリューション事業部門主席スペースICTエバンジェリストの三好弘晃氏は「SDAが採用して、関係者の多くがデファクトスタンダードになったとみている光通信用の1.55μm帯赤外半導体レーザーには出力が低いという課題がある。

そのため、ファイバーアンプを使った増幅器で出力を大幅に引き上げる必要がある。しかし、現状、ファイバーアンプは宇宙用の部品が1つもなく、新たに研究開発をしなければならない」と指摘する。

1.55μm帯の赤外半導体レーザーは、地上の光通信で一般的に使われている。地上の場合はレーザー光を増幅する中継装置を置けるが、

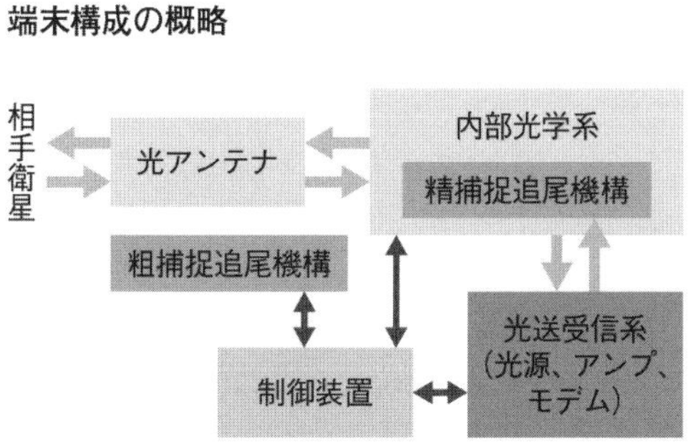

図8　一般的な光衛星通信端末の構成
主に光アンテナ、粗捕捉追尾機構、精捕捉追尾機構などを含む内部光学系、光送受信系、制御装置などで構成される（出所：日経クロステック）

宇宙ではそれができない。SDAのPWSAにおける技術詳細は不明だが、数千km以上の距離を飛ばすためには、宇宙で使えるファイバーアンプ増幅器の技術開発が必要だ。三好氏は「この分野では、NECが世界をリードしている」と話す。

日本が主導する海の通信基盤「衛星VDES」

衛星関連の開発プロジェクトでは「衛星VDES（VHF Data Exchange System）」も見逃せない。端的に表現すれば、「海のDX（デジタルトランスフォーメーション）の基盤技術」。具体的には、VHF帯（超短波）の電波を使うVDESという通信方式で、地上（船-地上局、船-船）のみならず衛星コンステレーションによって地球全体をリアルタイムにカバーする通信ネットワークである（**図9**）。

安全保障と経済活動の両方に活用できる「デュアルユース」としてK Programに採択され、日本主導で開発が進められている。衛星VDESは船舶の安全な運航に役立つ情報だけでなく、船舶・コンテナの物流管理、船舶のエンジンの状態監視など様々な情報のやり取りを想定している。将来は、船の自動運航や省エネルギー運航の基本的な通信に不可欠な存在になる可能性が高い。もちろん、こうした情報は安全保障でも活用できる。

笹川平和財団海洋政策研究所（OPRI）特別研究員の渡辺忠一氏は、「人類共通の海運インフラになる可能性がある」とそのインパクトを語る。

日本が戦える領域

日本は周囲を海に囲まれた海洋大国である。国土は世界で61位（中国は4位）だが、排他的経済水域（EEZ）の面積は世界8位（中国は11位以下）と大きく、貿易量の99.7％を海上輸送に依存している。また、日本の船会社が保有する実質的な船腹量（日本船籍および海外子会社の外国船籍の合計）は世界第2位の規模である。

だからこそ、政府が一定の調達を補償する「アンカーテナンシー」的な手法で衛星VDES技術の優位性確立を目指す。経済産業省製造産業局宇宙産業室長の伊奈康二氏は、「衛星VDESは基盤インフラなので技術を自国で保有する必要がある。政府としては、日本が戦える領域ということで政府プロジェクトの採択に至った」と背景を説明する。

今回のK Programでは、VDESの機能を搭載した衛星コンステレーションの技術および情報を集約・共有するためのデータプラットフォーム技術の研究開発を行う。期間は2022年度から2029年度までで、最大147億円の予算をつける。

2022年10月には民間サイドでも大きな動きがあった。衛星VDESの

図9　VDESに対応した初の商用衛星
デンマークのスタートアップSternula（スターヌラ）は2023年1月にVDES衛星の初号機「STERNULA-1」を打ち上げた。大きな「八木・宇田アンテナ」が特徴。2028年までに同衛星を61機打ち上げる計画だ（出所：Sternula）

普及を通じて海洋DXの推進活動をするための団体「衛星VDESコンソーシアム」が設立されたのだ。事務局をOPRIが務め、IHI、商船三井テクノトレード、古野電気、アークエッジ・スペース（東京・江東）、東洋信号通信社（横浜市）、日本無線、三井物産が立ち上げメンバーとして参画している。

26年に「装備義務」に追加へ

衛星VDESは「次世代のAIS（船舶自動識別装置）」ともいわれる。AISは、国際海事機関（IMO）が定めるSOLAS条約（海上人命安全条約）の2000年の改正によって、すべての旅客船と国際航海に従事する300トン以上の船舶、および国際航海に従事しない500トン以上の船舶に対して搭載が義務付けられている通信装置である。情報利用は無料だ。

AISは船舶の識別符号や種類、位置、針路、速力、航行状態などをVHF帯で発信する。現在、世界で約25万隻が搭載しており、海運関係者の間では「成功した規格」と評価されている。

しかし、AISは今となっては古い技術で課題も多い。具体的には、(1) 双方向ではなく単方向に情報を発信しているだけなので、相手船が受信したかの確認が取りにくい、(2) 漁船や小型の船舶に搭載義務がなく全船舶搭載ではない、(3) 常に電源オンが義務化されているがオフにできる（不審船に多い）、(4) 情報はスプーフィング（なりすまし）が可能、(5) 地上海岸局から電波を受信できる範囲は最大約20～50kmのみ（EEZ全域がカバーされていない）、などである（**図10**）。

これに対して衛星VDESは、AISの機能を踏襲しながら、以下のような拡張をしている（**図11**）。(1) 双方向通信によって自船の情報が相手に伝わったことを確認できる、(2) 通信レートをAISに対して最大32倍の約300kbps（ビット/秒）に高速化、(3) 地上のみならず、60機程度の衛星コンステレーションで全球をカバー、(4) データの暗号化と認証機能に対応（予定）することでセキュリティーを担保、である。

VDESはブロードバンドではないため映像の伝送に向かないが、船舶や海洋など様々な情報をデジタルデータとして自動送受信するためのIoT通信基盤として有用だ。AISと同様、船舶間の通信は無料で使える（衛星経由は未定）。

IMOは2026年に改正SOLAS条約の施行を予定している。そこで「AISの装備義務」に、VDESが追加される見通しだ。つまり、「VDESがAISと同じ位置づけになる。両者の製造コスト差は大きくないため、AISにおまけで魅力的なサービスがついてくれば自然にVDESに移行

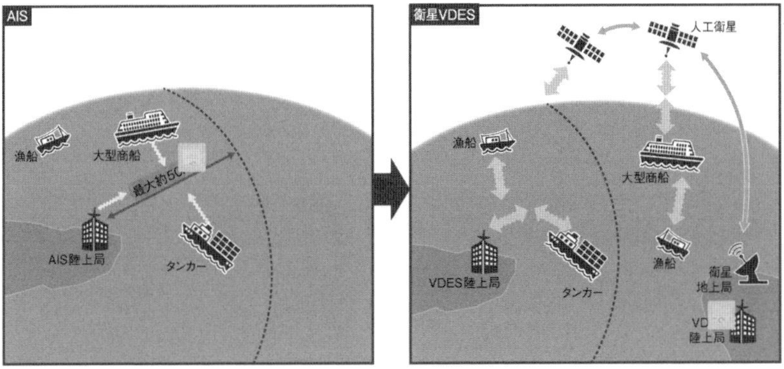

図10　AISと衛星VDESの通信範囲の比較
AISはアンテナなどの条件にもよるが、電波の受信範囲は最大約20～50kmのみである。これに対して衛星VDESは、衛星コンステレーションを使うことによって地球全体のカバーを目指す。衛星は低軌道に打ち上げるため、1つの衛星で半径2000kmをカバーする。なお、AISにもその信号を衛星で受信してデータを提供する民間の有料サービスがある（出所：日経クロステック）

することになる」と、衛星VDESコンソーシアムのメンバーである東洋信号通信社顧問CTO（最高技術責任者）の西村浩一氏は予測する。

デンマークのスタートアップSternula（スターヌラ）CEO（最高経営責任者）のLars Moltsen氏は、「衛星VDESを搭載する船舶は2026年をきっかけに急速に増え、2030年にはAISと合わせて100万隻が搭載するとみている。この数字には、現在、AISを搭載していない漁船での採用を含む」と話す。

衛星VDESの用途は、海上交通安全に特化していたAISと比較して大きく広がりそうだ。「船舶の安全航行利用が一丁目一番地だが、それ以外にも様々なユースケースがある」（OPRIの渡辺氏）。安全保障分野では、海洋状況把握（MDA）の強化への貢献が期待される。政府は海洋の安全保障環境が厳しさを増す中、「自由で開かれた『インド太平洋構想』を実現するため、宇宙を活用した我が国周辺海域およ

【衛星VDES（次世代AIS）】とは

- 衛星VDESの機能：AIS（船舶自動識別装置）＋ASM（特定船舶間通信）＋VDE-陸上＋VDE-衛星
- AISの単方向から双方向通信に進化
- AISと比較して最大32倍の通信レート（約300kbps）
- 国際標準のため、全世界の海域で利用可能
- AISの電波の到達距離は最大で20～50km程度だが、衛星コンステレーションによって全世界でリアルタイム通信を可能に（衛星1機あたりで半径2000kmをカバー）
- データの暗号化と認証機能に対応することでセキュリティーを担保

（応用例）

海上保安業務（交通安全）	港湾・物流管理（ビッグデータの収集）	将来サービス	海洋状況把握（安全保障）
●海上安全情報の提供	●港湾管理（入出港調整・岸壁管理）	●自動運航	●不審船の発見
●航行援助・海上交通管制	●船舶・コンテナの物流管理	●運航省エネルギー化	●違法漁業、密輸などの監視
●衝突防止	●船舶の状態監視	●協調航法	●捜索救助
●氷海情報の提供		●海洋情報収集	●環境保護
●航路障害物の監視		●魚の産地証明	

図11　衛星VDESの概要と応用例
衛星VDESは、次世代のAISと呼ばれており、AISにアプリケーションによるメッセージ交換機能のASM、さらに陸上および衛星のVDESによる双方向通信機能を追加したシステムである（VDE—陸上、VDE—衛星）。安全保障では海洋状況把握（MDA）の通信基盤になる（出所：衛星VDESコンソーシアムや経済産業省の資料を基に日経クロステックが加筆・改訂）

びシーレーン周辺域のMDA能力の強化が必要である」としている。そのための切り札が衛星VDESだ。

中国も実証に積極的

現状、衛星VDESは規格化作業が進められている最中で、それと並行して初期の実証も始まっている。

VDESに必要な周波数の割り当ては、2019年11月のITU（国際電気通信連合）のWRC（世界無線通信会議）において決定した。そしてIALA（国際航路標識協会）で規格化が進められ、現在はIEC（国際電気標準会議）でその初版をベースに、通信端末の開発に向けた規格化の作業が行われている。規格発行の目標は改正SOLAS条約が施行される2026年ごろとみられている。

衛星VDESの開発に積極的なのが北欧諸国だ。例えば、ノルウェー宇宙センター（NSC）はESA（欧州宇宙機関）から受託し、2017年7月に世界初のVDES衛星（正確には同等の機能を持つ）「Norsat-2」を打ち上げ、現在も試験運用中だ。

デンマークのSternulaは2023年1月にVDES衛星の初号機を打ち上げたが、2024年にはさらに4機を追加で打ち上げる計画だ。スウェーデンSaab（サーブ）、米Orbcomm（オーブコム）、スウェーデンAAC Clyde Space（AACクライドスペース）の企業連合も、VDES衛星の打ち上げ計画を発表している。北欧以外では、詳細は不明だが中国も衛星VDESの実証に積極的で、既に衛星を複数打ち上げている模様だ。

一方、日本では、アークエッジ・スペースが2024年に初号機を打ち上げる計画だ。「詳細はまだ話せないが、6U[注2)]の衛星バスを活用する。

重さは20kgより軽くなる。VHF用のアンテナは1m前後と大きいので収納と展開機構に工夫が必要になる」（同社CEOの福代孝良氏）という。

同社は「2027年までには10～20機を打ち上げて実証をしたい。日本にとって重要なEEZやインド太平洋地域をカバーするには30～40機は必要で、コンステレーションを早く構築したい」（同氏）としている。

VDESの通信端末は、AISで高いシェアを持つ古野電気などが開発を進めている（**図12**）。同社舶用機器事業部開発設計統括部自律航行システム開発部市場開発室室長の荻野市也氏は、「AISより搭載対象が増える点でビジネスチャンスと捉えている。端末の開発は将来的にVDESに一本化していく」と話す。

技術的には「衛星からの信号が微弱でノイズに埋もれた信号を拾う

図12 VDES通信端末のプロトタイプ
古野電気が開発中の端末。長さ1m以上のアンテナを使用する。回路やICなどの変更はあるが、SDR（ソフトウエア無線）の技術で対応するので「現行のAISと特に大きく変わる要素はない」という（写真：古野電気）

注2） 超小型衛星のCubeSat規格で10cm×10cm×10cmサイズを基本ユニットの「1U」としている。

部分が難しいが、現行のAISと特に大きく変わる要素はない」(荻野氏)としている。

もっとも、現状は「通信の土管の部分は決まっているが、それをどのように使うかなど未決定の部分が多い」と、衛星VDESコンソーシアム代表幹事でIHI 航空・宇宙・防衛事業領域宇宙開発事業推進部事業企画グループ長の志佐陽氏は指摘する。例えば、衛星から見て海上に船がたくさんあって混雑しているときに、個々の通信の帯域をどのように絞ったり、通信する順番をどのように決めたりするのかなどは、まだ誰も実証していないという。

セキュリティーについても、現在MCP（Maritime Connectivity Platform）というコンソーシアムがVDES上での伝送に適した公開鍵基盤（PKI）の規格化を進めている段階だ。

志佐氏は、「(VDESという土管の活用方法について）現在は各所で陣取り合戦が起きている。これまで海洋の世界でルールを作ってきた日本にとってはいいチャンスが到来している」と話す。

Starlinkとはすみ分ける

ここ数年、SpaceXのStarlinkなどの衛星ブロードバンドが船舶向けの通信サービスとしても注目度を高めている。こちらは理論上の通信速度が下り350Mbps、上り130MbpsとVDESと比較して圧倒的に速く、将来的な全球カバーも目指している（**図13**)。

実際、衛星ブロードバンドは船員がオフの時間にYouTubeなどを見て楽しんだり、家族とビデオ通話をしたりするための通信インフラとしてニーズが高まっているという。しかし、衛星VDESはそれとは異質なものとして共存していきそうだ。アークエッジ・スペースの福代氏は「Bluetoothと5Gが共存しているように、海洋分野ではおそらく衛星VDESと衛星ブロードバンドに2極化していく」とみている。

その理由は衛星VDESが、(1) 全世界の海域で使える業務用通信の国際標準規格である、(2) IMOによる搭載義務化でAISを自然に置き換えていく、(3) 衛星ブロードバンドよりセキュリティーが高い、などの点にある。例えば、衛星VDESには衝突回避のため、相手船と双方向通信をする仕組みが標準で実装されるとみられるが、衛星ブロードバンドにそうした機能は標準で実装されない。

鍵はキラーコンテンツ

衛星VDESはAISの拡張版であり、アンテナをそのまま使えるなどコストアップ要因も少ないことから、将来的な普及がほぼ確実視されている。政府向けの安全保障関連のビジネスも手堅い。

ただし、海上交通安全のみならず、様々な用途に展開するためには魅力的なサービスや持続可能なビジネスモデルの構築が不可欠になる。数十機という衛星コンステレーションを構築し、それを定常的に運用していくためにはそれなりにコストがかかる。

「今はどの国も政府が助成金を出しているが、それでは持続性がないので、ビジネスとして回すためのエコシステムをつくる必要がある」(OPRI海洋政策研究部長の赤松友成氏)

やはり、鍵を握るのは「キラーコンテンツだ」(志佐氏)。例えば、ドライブレコーダーを取り付けると割引料金で加入できる自動車保険が装置の普及を後押ししたように、VDES端末を搭載すれば保険料が安くなるサービスがあれば、搭載が義務化されていない漁船や小型船舶にも普及するかもしれない。衛星VDESコンソーシアムでは今後、ユースケース検討に力を入れ、サービスを実証してユーザーに提案する取り組みを実践していくという。

図13　Starlinkの第2世代の衛星
SpaceXは矢継ぎ早にサービスを拡充している。2024年内にも、KDDIなどのスマートフォン（スマホ）と直接通信ができる衛星ブロードバンドサービスの提供開始を予定している。写真はそれに向けたStarlinkの第2世代衛星「V2 Mini」。重量は約800kg。周波数が70G～80GHzのEバンドの通信機器やフェーズドアレイアンテナを搭載。従来比4倍のネットワーク容量を提供できるという（写真：SpaceX）

インタビュー

アストロスケールホールディングスCEO **岡田光信**氏

宇宙の混雑度は許容限界超え、デブリ除去技術で競合より4～5年先走る

深刻化するスペースデブリ問題。国際的なガイドラインはありつつも、明確なルール整備は進んでこなかった。そんな中で、世界に先駆けてデブリ対策サービスを開発し、リーダーシップを執ってルールメーキングに取り組んでいるのが、アストロスケールホールディングス創業者兼CEOの岡田光信氏である。デブリ対策には何が必要か、どんな未来を描くのか、同氏に聞いた。

岡田光信氏
東京大学農学部卒業。米国パデュー大学クラナート MBA修了。大学卒業後大蔵省（現財務省）主計局に勤務した後、マッキンゼー・アンド・カンパニーにて経営コンサルティングに従事。その後IT業界において10年以上グローバル経営者として、日本、中国、インド、シンガポールなどで活躍。2013年に、スペースデブリの除去を含む軌道上サービスに世界で唯一専業として取り組む民間企業アストロスケールホールディングスを創業。創業以来、約300人のチーム、累計総額334億円の資金調達を達成するまでに成長させた。この他、宇宙業界における有識者として、国際宇宙航行連盟副会長、The Space Generation Advisory Councilアドバイザリーボード、英国王立航空協会フェローなどの職務を兼務。（写真：加藤 康）

――なぜスペースデブリ問題に取り組まれたのでしょうか。

まず宇宙という業界はずっと使い捨て文化でした。研究開発して、製造して、打ち上げて、運用したら終わり。その後のバリューチェーンがありませんでした。だから結果として使い捨て文化になってしまったのです。最初の頃は、宇宙は広いからと問題にならなかったのですが、実は宇宙は無限のリソースではなく、利用できる軌道は有限です。そこにひしめくようにしてデブリが飛んでいるわけです。

欧州宇宙機関（ESA）のデータ（2022年4月4日時点）によれば、

大きさが10cm以上の大きなデブリが3万6500個以上、1mm以上の小さなものを含めると13億個以上に上るそうです。

これらのデブリは、実際に衝突を引き起こしています。宇宙での衝突には3パターンあって、デブリ同士、デブリと衛星、衛星同士の3つです。デブリと衛星のニアミスは、非常に増えています。例えば1km以内のニアミスは、2020年は月におよそ2000回でした。

実感はないかもしれませんが、飛行機でニアミスと言ったらもう事件じゃないですか。だから2000回でも多い。それなのに、ニアミス数は2021年には月6000回に迫る勢いで約3倍に増えています。宇宙の混雑度は、既に許容限界を超えたと言っても過言ではありません。

ニアミスを回避するためには、衛星がデブリと衝突しないかを判定し、実際に衝突しそうであれば衛星に回避動作をさせます。この動作は、衛星の運用においてコストになってしまいます。例えば、本来のミッションを止めて軌道をずらすために燃料を使って、また1〜2週間して元の軌道に戻す、という手順が必要だからです。燃料を使うので衛星の寿命も短くなってしまいます。

また、宇宙にある物体のほとんどがデブリなので、デブリ同士の衝突が8割を占めます。衝突すると破片になってまたデブリの数が増えます。デブリの中で大きいものだと10m以上、重さが数トンという大型バスみたいなデブリもあって、それが秒速約8kmで軌道上を飛んでいます。

当然その大きなデブリに別のデブリが衝突すると膨大な数のデブリを発生させます。連鎖反応的な衝突が加速する前に、まずデブリが増えるのを止めなければなりません。さらに、既に存在するデブリを除去しなければならない。この2つが今の命題です。

――なぜこれまでデブリ問題への対策がなかなか進んでこなかったのでしょうか。

大きく「技術がない、事業モデルがない、ルールがない」という3点の問題がありました。このまま放置すると宇宙も地上と同様に持続利用が不可能になると知ったのが、2013年でした。

当時、まずデブリを除去する技術がなかった。それから事業モデルがない。誰がお金を出すのかという問題です。例えば、空とか陸とか海だと、領空や領土、領海という領域の概念や国境があるので、それぞれの中で国がルールを定めて費用や税金を徴収するなどして実行できます。しかし宇宙は、国境線がありませんし、残念ながらルールが存在しないのです。誰かが頑張ってデブリを除去しても、他の人が恩恵を得られるだけで自らにはあまり利益がないので、誰も手を付けません。

こうした状況は、少しずつ変わってきました。2021年6月には主要7カ国（G7）首脳会議で共同声明が発表されましたし、2022年4月にはカマラ・ハリス米副大統領が、米国は衛星攻撃兵器（ASAT）の発射実験を禁止すると発表し、他国にも同調を呼びかけています。

各国が動きつつあっても、結局必要になるのは、技術と規制です。まず重要なのが技術で、そもそも技術がないと規制もできません。やはり技術が進まないと、デブリを除去しましょうと提案しても机上の空論になってしまいます。

そこで、我々がデブリ除去の技術を提示しているわけです。規制をする上で例えば、宇宙では絶対に衝突してはいけないので、デブリ除去の際にその安全をどうやって確保するのかというルールが必要です。デブリを捕まえますと言って衝突しに行ったらだめなわけです。絶対にぶつからない仕組みがあれば、それを参照した規制を作れるようになります。

規制は、宇宙先進国全てをカバーする必要があります。例えば、日本で規制が先行すると、規制のない国から打ち上げようかという逃げ道ができてしまいます。

弊社は主に4カ国に拠点を設けています。日本を本社として、米国、英国、イスラエルにあります。それは全部のエリアの議論を一緒に高めたいと思っているからです。

“非協力的な物体”へのRPO技術を開発

――具体的には、どのような技術開発を進めているのでしょうか。

これまで技術的な障壁だったのは、デブリに接近して近傍で運用するRPO（ランデブー・近傍運用）技術です。これを世界で初めて作ったのが弊社になります。

誤解がないように申し上げると、国際宇宙ステーション（ISS）に対して補給船が近づくというシーンで、RPO技術自体は既に存在します。ただし、これは“協力的な物体”へのRPO技術と呼ばれます。相手が正常に稼働していて、位置情報を発信し、姿勢が安定していて、互いに通信できるので、ランデブーしやすいわけです。

我々の技術は、電源が入らず通信できず位置情報が分からず姿勢も安定していない“非協力的な物体”に対するRPO技術で、これが初めてだったのです。

我々のRPO技術では、「絶対航法」と「相対航法」の2段階で対象物に接近します。絶対航法では、広い宇宙の中でどれが目指すべき対象物なのかを見極めて、対象物の軌道と現在位置を予測し、自らの絶対位置を考えながら同じ軌道に入り、対象物が直接観測できない状態で、搭載するセンサーの観測できる距離になるまで近づきます。秒速約8kmで移動する物体に対して、センサーで観測できる範囲内に安全に近づくのは、非常に難しい技術です。

相対航法に切り替わると、様々なセンサーを使いながら対象物を認識して、相手との相対位置だけを考えて近づきます。軌道上で実証実験を行ったデブリ除去衛星「ELSA-d」では、1700kmほど離れた位置から絶対航法で40cm四方の模擬デブリに接近し、約160mのところで相対航法に切り替えることに成功しました。

実際の運用では、近づく途中で大きくずれます。それをスラスターなどで微修正しながら進みますが、センサーやスラスターにも誤差があります。自分が軌道のどこにいるのかという位置にも誤差が生じるので、それらの誤差をどう調整しながら近づくか、ここも難しい部分です。

――宇宙でのデブリ除去ならではの技術というと、どういった特徴があるのでしょうか。

恐らく地上と宇宙での一番大きな違いは、宇宙ではハードウエアを触れないということです。ソフトウエアだけしか触れないという制約の中で何ができるのか、さらにソフトウエア自体にもアクセスできる時間が限られてしまいます。地上なら、目の前で故障が起きても対処できるように24時間監視して待機できますが、宇宙では衛星と通信できる時間が限られているので常時モニタリングできるわけではありません。そういう制約があると、設計や“リハーサル”のやり方が大きく違ってくると思います。

リハーサルは想定シミュレーションと言い換えてもよいのですが、

あらかじめ何千という故障パターンを想定して、その場合に、異常を切り離して特定してリカバーするというトレーニングをしんどいぐらいやります。デブリを除去する「ランデブー機（捕獲衛星）」は、普通の衛星よりもリハーサルの項目が圧倒的に増えます。

例えばデブリに近づいているときに距離センサーが80m、79mと刻んでいたのが突然20mまで飛んでしまったとします。このときに何が問題なのかというと、距離センサーやコンピューターに異常が起きた、もしくは本当に20mになっていたならスラスターが噴いて進んでしまった、などが考えられます。まずそれを一瞬で場合分けして確認する方法が必要になります。

その後にどうやってリカバーするのかを考え、確認用のセンサーや解決のための仕組みを理解して設計に反映させる。だから、設計の段階で恐ろしいほど膨大な数のシミュレーションを回しています。このシナリオ作りは、ノウハウの塊です。地上でリハーサルをして、宇宙で実証を重ねないと分からない部分が多く、そういう意味で弊社は、競合に比べて4〜5年は先行できていると思います。

宇宙のロードサービスを提供

——今後、宇宙ビジネスにおいてどのような将来像を描かれているのでしょうか。

我々は、宇宙を持続利用可能にしたいと思っています。宇宙への依存度は年々高まっています。使い終わった後のバリューチェーンを宇宙でも作るということが、市場を大きくし、持続利用を可能にすると考えています。

そこを埋めるのが、我々がやろうとしている「軌道上サービス」です。私はよく「宇宙のロードサービスをやります」という言い方をしています。デブリ除去だけでなく、人工衛星による観測点検技術、寿命延長サービスも現在開発しています。

例えば、2026年までに打ち上げ予定の寿命延長衛星「LEXI」は、既に米Orbit Fab（オービット・ファブ）と商業契約を結んでおり、宇宙での燃料補給サービスを受けるという取り組みも進めています。まさに地上のロードサービスが、我々の宇宙での軌道上サービスになるのです。

米国の調査会社Northern Sky Research（ノーザン・スカイ・リサーチ、NSR）によれば、軌道上サービスの市場規模は2021年から今後10年間で143億米ドル（日本円で約2兆1500億円）に拡大するといわれています。2020年2月時点では31億米ドル（同約4650億円）程度の予測だったので、ニーズが非常に高まっている。これは我々も肌で感じています。

例えば英OneWeb（ワンウェブ）は衛星コンステレーション事業を進める際に弊社のデブリ除去用のドッキングプレートを小型衛星に搭載してくれています。デブリ対策部分を我々が担うことで、同社は衛星の運用サービスに専念できるようになり、コストメリットを得られるようになります。

第8章
「量子技術」は破壊的イノベーション

軍事応用が期待される3分野

米国、英国、オーストラリアの3カ国が2021年9月に立ち上げた、インド太平洋地域での安全保障協力のための軍事同盟「AUKUS（オーカス）」は、同年12月の初会合でAI（人工知能）やサイバー能力などとともに量子技術の開発で協力すると宣言した。

「波と粒子の性質を併せ持つ」「情報の最小単位である1つの量子ビットで0と1の情報を同時に表現できる（重ね合わせ状態）」……。量子（電子や光子など）が持つ不思議な振る舞いを応用する量子技術は、将来、産業界に破壊的なイノベーションをもたらすとして世界中で研究開発が活発化している。それは安全保障分野でも同様で、将来の戦闘の様相を一変させる「ゲームチェンジャー」と位置づけられている。

AUKUSの取り組みは、2016年からの科学技術イノベーション第13次5カ年計画の中で量子技術を重点分野とし、研究開発に対して1兆円規模で支援してきた中国の動向を強く意識したものである。量子技術は民間と安全保障に大きなインパクトを与える可能性があるデュアルユース（軍民両用）技術であることから、日本政府も2020年1月に「量子技術イノベーション戦略」を策定し、研究開発の推進を後押ししている。

一口に量子技術といっても応用範囲は多岐にわたる。米国防総省（DoD）の諮問機関である国防科学技術委員会（DSB）は、2019年12月に公表した報告書の中で、軍事への応用が最も期待される量子技術として「量子センサー」「量子暗号通信」「量子コンピューター」の3つを挙げている（**図1**）。

量子センサーは既存のセンサーと比較して高感度、高精度、小型化などを実現する。量子暗号通信は秘匿性にはるかに優れた安全な通信を可能にする。そして量子コンピューターは膨大なデータを用いた組み合わせの最適化問題や複雑なシミュレーションを既存のコンピューターと比較にならないほど高速処理する、と期待されている。

防衛省は2023年9月21日、2023年度における量子関連の取り組みについて発表した。2023年6月に公表した「防衛技術指針2023」に基づいて、技術的優越の確保と先進的能力の実現を目指して様々な取り組みを実施するとした。

具体的には、想定される装備化への道のりの長さに合わせて、(1) 先進技術の橋渡し研究、(2) 安全保障技術研究推進制度、(3) 民生技術の防衛分野適用可能性調査、の各枠組みの中で研究を支援する。装備化への道のりは (1) が最も短く、(3) が最も長い。

(1) の実施内容としては、高性能非GNSS（全球測位衛星システム）

量子センサー

- **量子時計**：既存の原子時計より2桁程度高い精度を小型の装置で実現。ミサイルやドローンの位置情報をより正確に把握
- **量子電波受信機（RF）**：これまでより大幅に広い帯域の周波数を1つのアンテナを持つ小型装置でカバー。電子線での活躍に期待
- **量子加速度計／ジャイロスコープ**：GNSS（全球測位衛星システム）などに依存しない高精度を実現。潜水艦やUUVなど主に海中での自己位置測定で活躍の可能性
- **量子レーダー**：超高感度レーダーによる精密な状況把握。既存のステルス技術を無効化する可能性を持つ

量子暗号通信

- 理論上、盗聴不可能な通信ネットワークの構築。戦場での無線通信や宇宙との通信、地上の指令施設や軍基地間の光ファイバー通信などに適用可能

量子コンピューター

- 既既存のコンピューターではできないような膨大な計算処理を実現。現在、使われているRSA暗号（公開鍵暗号）を解読できる可能性がある。量子化学計算や量子機械学習による材料開発などのイノベーションにも期待

図1　安全保障分野で期待される量子技術の応用例
いずれも安全保障分野に大きなインパクトをもたらす可能性がある。量子センサーには「量子時計」「量子電波受信機」「量子加速度計／ジャイロスコープ」「量子レーダー」などがある（出所：日経クロステック）

技術の研究や高運用性量子磁気センサーの研究などを、(2) では海底・地下での長距離量子センシングに関する研究などを挙げた。(3) では量子コンピューターなどの防衛分野での適用可能性についての調査研究を挙げている。

量子センサー――桁違いの超高感度・超高精度を実現

量子センサーは、量子技術の中でも最も安全保障分野での実用化が近いとみられている。例えば誤り訂正機能を持つ数百万量子ビット規模（現在は数十～数百量子ビット）の実用的な量子コンピューターの実現には少なくとも10年以上がかかるとみられているのに対し、量子センサーは最も早いものでは数年以内に実現するという見方がある。

量子センサーは、量子状態を保った量子ビットが複数ある場合、それぞれの量子ビットに双子のような相関関係が生じる現象である「量子もつれ（エンタングルメント）」などを利用することで、超高感度なセンシングを実現する技術である。量子もつれがAとBの間に発生した場合、Aの観測値が「0」ならばBの観測値も必ず「0」になる、といった相関が成立する。

量子ビットの量子状態は非常に壊れやすい。その原因の1つに外部環境の変化やノイズの影響がある。しかし、これは裏を返せば、量子ビットは外部からの影響に対して非常に敏感なセンサーになり得ることを意味する。その敏感さを利用して変化を読み取れれば、感度が高いセンシングが可能になる。

一方、量子コンピューターは、量子状態をつくった後にそれを利用して演算を行わなくてはならず、その技術開発の難易度が高い。量子センサーは状態の変化を観測すればよいため、比較的実用化に近いというわけだ。

量子センサーには様々な応用の可能性がある。例えば、既存の原子時計より2桁程度高い精度を小型装置で実現できるとされる量子時計や、GNSSなどに依存しない高精度の航法を実現する量子加速度計や量子ジャイロスコープ、さらに量子レーダーなどがある。

現状、ドローン（無人機）やミサイルなどの位置を把握するには、米国のGPS（全地球測位システム）をはじめとするGNSSが搭載する原子時計の時刻情報などを使っている。しかし、昨今の戦場ではGPSの妨害電波を発して敵が受信できないようにするジャミングが行われることが多い。量子時計は原子時計よりさらに高精度なのでより正確な位置情報が得られるほか、GPSのジャミング対策にもなる点でメリットが大きい。

量子加速度計と量子ジャイロスコープ、さらに高精度の時計情報を組み合わせるとGNSSに依存しない自己完結型の航法が実現する。GNSSの電波が届かない海中でミッションを行う無人潜水機「UUV (Unmanned Underwater Vehicle)」などでの活用が期待されている。

現状、UUVではIMU（慣性航法装置）と音響通信（ソナー）のデータから自己位置を計算しているが、その誤差は小さくない。量子技術による航法ははるかに高精度を実現できるとされているため、そのインパクトは大きい。

ステルス技術無効化の可能性

まだ構想段階で実証はされていないが、実現すれば安全保障分野に破壊的なイノベーションをもたらすのが量子レーダーだ。戦闘機やミサイルなどを敵のレーダーから発見されないようにする「ステルス技術」を無効化してしまう可能性がある。

量子レーダーでは量子もつれ状態にある2つの光子のうち、一方をレーダーから観測対象物に照射し、もう一方を受信機側で保持しておく。そして、対象物から反射してきた光子と受信機側の光子の相関関係を検出し、対象物までの距離などを計測する。

既存のレーダーでは、対象物から反射してくる電波が微弱になるとバックグラウンドノイズに埋もれて検出できなくなるという問題が生じる。それを利用するのがステルス技術で、機体の形状などを工夫してレーダー照射を受けた際、アンテナの方向に電波を反射するレーダー反射断面積「RCS（Radar Cross Section）」を減らしたり、検出を妨げる妨害電波を出したりする。

ところが、対象物の検出原理がまったく異なる量子レーダーには既存のステルス技術は通用しない。バックグラウンドノイズの影響を受けないため、超高感度のレーダーによる精密な状況把握を実現できる可能性がある。さらに、量子レーダーが持つ内部の量子状態を外部の者が知ることができないため、妨害用のノイズを発生することもできないという。

ただし、量子レーダーは、もつれ状態にある量子ビットを外部環境に飛ばして制御しなければならない。原理上はできるはずなのだが、これがまだ実証されていない理由である。

コインより小さい万能電波受信機

安全保障用途向けの量子センサーの開発で先頭を行くのが、DoD傘下の「DARPA（国防高等研究計画局）」である。多額の資金を確保し、複数の研究プログラムを動かしている。DARPAでは量子時計を2025〜2026年ごろに、量子電波受信機を2020代後半に実用化するロードマップを描いているという。

2022年11月、住友商事は「冷却原子方式」という手法を使った量子センサーや量子コンピューティング技術を開発する米ColdQuanta（コールドクアンタ、現在はInfleqtion（インフレクション）に社名変更）と、日本向けの代理店パートナーシップ契約を結んだ。

ColdQuantaは米コロラド大学ボルダー校からのスピンオフとして2007年に設立され、これまではDoDや米航空宇宙局（NASA）、英国防省など様々な政府系機関と契約して量子技術を開発してきた。量子技術分野では知る人ぞ知る企業である。

2022年11月に資金調達を実施して事業化へと舵を切る中で、社名をInfleqtionに変更した。同社への出資に携わった住友商事 航空宇宙事業部 部長付の小幡洋平氏は、「DoDやNASAなどとの契約の実績があることや、同社の技術が実用化に近く、装置を小型にできる点などが出資の決め手になった」と話す。

Infleqtionは2023年10月4日、同社が開発した量子電波受信機「Sqy-Wire」が米陸軍の評価テストで成功を収めたと発表した（**図2**）。この受信機は「コインより小さいサイズを目指しており、既存の受信機の限界を超える超広帯域の周波数を1台でカバーする」（小幡氏）としている。

冷却原子方式で小型化

量子状態をつくり出す技術には冷却原子方式の他に、超電導方式、イオントラップ方式、ダイヤモンドNVセンター（Diamond Nitrogen-Vacancy Center）方式など複数がある。

冷却原子方式は他の方式と比較して装置全体を小型にできるのがメリットで、さらにInfleqtionは「『ガラスセル』というハードウエアを利用することで、より小型化できる技術を有する」（小幡氏）という。

Infleqtionの冷却原子方式は、真空にしたガラスセルに原子発生器で生成した原子を吸い込み、その周囲からレーザー光を照射する。原子の周囲を動いている電子をレーザー光で止めると、電子が動くことによる摩擦熱がなくなり、絶対零度（セ氏マイナス約273度）付近まで温度が下がる。原子が動き回るのは熱運動によるものなので、温度を下げてしまえば原子をある空間に閉じ込めることができる。つまり、個別の量子状態の制御が可能になり、量子もつれ状態などをつくれる。

その状態で観測用のレーザー光を当てて、外部からの影響を見るというのがおおまかな仕組みだ。この基本原理は、量子時計など他の用途においても共通しているという。

実用化に向けた最大の課題は、「量子状態の変化を外部環境のノイズがある中からどう拾うか。実験室でできたことをどう実証するかが肝になる」（同氏）としている。

図2　Infleqtionが開発した量子電波受信機
2023年10月に米陸軍の評価テストで成功を収めたと発表した。サイズはコインより小型で、既存の受信機の限界を超える超広帯域の周波数を1台でカバーできるという（写真：Infleqtion）

量子暗号通信 ―― 理論上、傍受不可能な通信

安全保障分野への応用には、まだしばらく時間がかかるとみられているが、民生分野における実証が世界で活発化しているのが量子暗号通信である。

この技術で世界トップを走るのが、「軍民融合」を掲げる中国である。商用向けではあるが、既に北京と上海を結ぶ2000km以上のバックボーンで量子暗号通信ネットワークを構築済みで、これに衛星量子暗号ネットワークを加えた全長4600kmに及ぶネットワークを構築する計画を進めている。

安全保障分野でこの技術を利用するには、長距離通信での量子性の維持など技術課題が多いとされているが、もし実用化されれば通信の傍受やサイバー攻撃による情報漏洩を回避できる可能性がある。将来は戦場での無線通信や宇宙との通信、地上の指令施設や軍基地間の光ファイバー通信などで傍受不可能な通信手段として実用化されるかもしれない。

ここでは、量子暗号通信について商用向けの開発の最新事情を紹介する。

金融分野が実用化で先行

東芝と同社傘下の東芝デジタルソリューションズ（川崎市）、英BT Group（BTグループ）は2023年7月5日、3社が英国ロンドンで提供する量子暗号通信の商用メトロネットワークの試験サービスに、金融機関としては初めて、英大手銀行のHSBCが参画することが決定したと発表した。

この3社は2022年4月に、世界初となる同試験サービスを開始している。HSBCは今回、ロンドンにある主要2拠点を接続し、量子鍵配送（QKD：Quantum Key Distribution）を活用した実証を行う。金融分野のサイバーセキュリティーに対して量子暗号通信が有効であることを示すのが目的である。

「量子暗号通信は情報保護に対する価値が高い分野から実用化が始まる」と東芝デジタルソリューションズ ICTソリューション事業部 QKD事業推進室シニアフェローの村井信哉氏は話す。金融や医療、個人情報を扱う政府系から導入が進むとみられている。

量子暗号通信の実証が世界で活発化しているのは、大規模な量子コンピューターが将来完成すると、現在広く利用されている暗号アルゴリズム（鍵交換のアルゴリズム）が短時間に破られてしまう危険性があるためだ。

「暗号を解読するためのアルゴリズムは既に存在する。暗号化されたデータを今から傍受してすべて保存しておいて、将来、量子コンピューターを使って（暗号鍵を割り出して）解読される恐れがある。だから、今から守るための備えをしておかなくてはならない」（村井氏）

そこで、盗聴が不可能であることが理論的に証明されている量子暗号通信の出番となる。同通信では、1ビットの暗号鍵情報（乱数）を光子（光の粒子）の1粒ずつに載せて伝送する。これがQKDである。データを伝送するネットワークとは別に、専用の光ファイバーで暗号鍵情報を送る方式が一般的である（**図3**）。

受信者は送信者に対して、受信した暗号鍵情報について確認し、それを基に暗号鍵を生成する。「どういう性質の情報が届いたかを双方で答え合わせする」（村井氏）。受信者に届いた光子の暗号鍵情報のみから暗号鍵を生成するので、もし盗聴者が途中で光子を抜き取ってもデータを復号できない（**図4**）。

もし、盗聴者が光子を盗み見て、また戻したとしても、量子力学的に光子の状態が変化してしまうため、盗聴があったかどうかを判別できる。「盗聴なし」と保証された暗号鍵のみを共有する仕組みである。

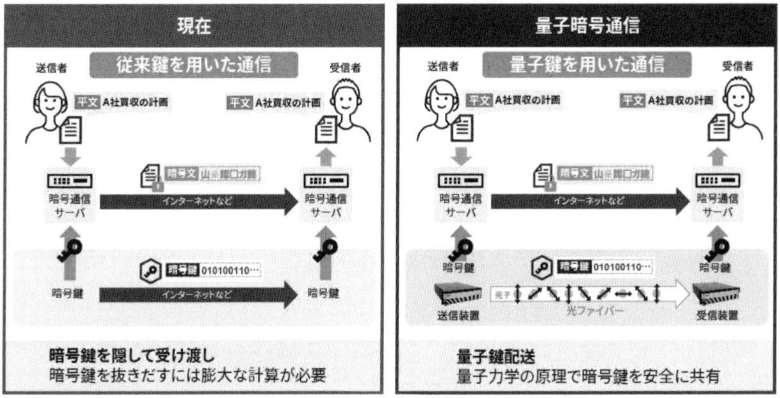

図3　現在の暗号通信方式との比較
量子暗号通信（右）では、暗号鍵情報を光子に載せて専用の光ファイバーで送信する（出所：東芝デジタルソリューションズ）

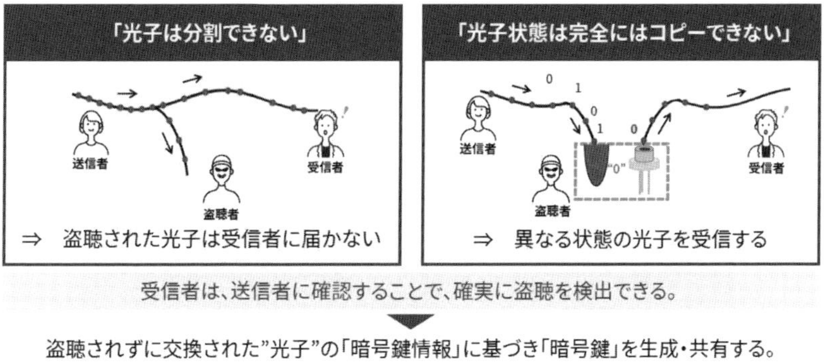

図4　盗聴なしと保証された暗号鍵を共有
「光子は分割できない」「光子状態は完全にコピーできない」という2つの量子力学的な性質を利用する（出所：東芝デジタルソリューションズ）

伝送距離は最大で100km程度

量子暗号通信では、専用ハードウエアが送信側と受信側の双方に必要になる。1対1の構成が基本だ。東芝は2020年10月に、量子暗号通信装置を発売して事業を開始した。同社はこの分野で約20年、技術実証を進めてきた実績を有し、現在でも世界トップレベルの技術力を持つ。

同装置の性能は、暗号鍵の配送速度と最大鍵伝送距離の2点で決まる。光子を光ファイバーで伝送すると、大きな伝送損失が発生するため、配送速度と伝送距離に制約があるのだ。

東芝の装置は、最大鍵配送速度が300kbps（ビット/秒）、最大伝送距離が120kmと、現時点でいずれも世界最高の性能を有するという（**図5**）。「他社も鍵配送速度を向上させているが、当社の装置は数倍優れている」（村井氏）

同社は、光子検出時のノイズを低減する回路を実装したり、処理負荷の高い秘匿性増強処理を並列実行するアルゴリズムを開発したりした。10kmの伝送距離なら10Mbpsの鍵配送速度も実現できるとして

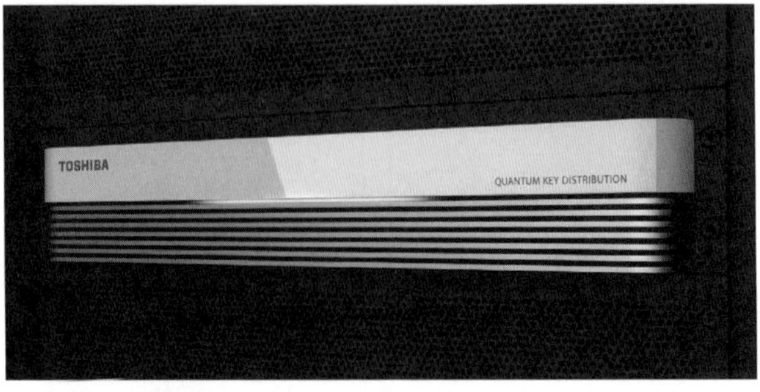

図5　東芝の量子暗号通信装置
世界最高レベルの最大鍵配送速度300kbps（ビット/秒）と最大伝送距離120kmという性能を有する。光ファイバーの振動や環境の温度変化などによって生じる「ゆらぎ」を、フィードバック制御によって安定化させる技術なども実装している（写真：東芝デジタルソリューションズ）

いる。

もっとも、現状の量子暗号通信で伝送できる距離は、研究レベルで数百km、現実には100km程度なので、社会実装においては多くの場合、中継拠点を設けて1対1のネットワークをつなげる必要がある。中継拠点ではいったん暗号を解き、再び暗号化して送信するが、もし暗号が解かれた状態でサイバー攻撃を受けた場合、情報が漏洩してしまうリスクがある。

この部分が、機密情報のセキュリティーが何よりも重視される安全保障分野への適用における課題の1つとされている。

600km超の伝送を実現

東芝は社会実装に向けた実証とともに、課題解決に向けた技術開発を進めている。例えば、2021年6月には光ファイバーで世界最長となる600kmを超える伝送を実現したと発表した。脆弱点となる中継拠点が不要な、都市間などの広域量子暗号通信ネットワークを構築できる可能性がある。

具体的には、2つの技術を組み合わせた。1つは、通信距離を従来の最大2倍にできる「ツインフィールドQKD」と呼ぶ技術である。これは光ファイバーの両端から中間点に向けて暗号鍵情報を載せた光子を送り、中間点で光子を検出し、その結果を利用して両端で暗号鍵を共有する技術だ。

さらに暗号鍵を送受信する光子とは別に補正用の参照信号を載せた2つの光信号を、光ファイバーを介して送受信する技術も導入した。暗号鍵のビット列となる光子の位相状態は、光ファイバーが受ける外部要因に影響される。

そこで「参照光を入れて位相がずれないようにフィードバック制御をする」（東芝 研究開発センター情報通信プラットフォーム研究所コンピュータ＆ネットワークシステムラボラトリーエキスパートの鯨岡真美子氏）ことで、長距離通信をした場合でも情報を安定的に送受信できるようにした。

量子暗号通信システムの小型化に向けた研究も進めている。2021年10月には、世界初の「チップベース量子暗号通信システム」の実証に成功したと発表した（**図6**）。

量子暗号鍵の送受信とそのための乱数発生について、従来の光学部品による実装に代えて光集積回路化した「量子送信チップ」「量子受信チップ」「量子乱数発生チップ」の3つを開発した。そして、これらを実装したシステムで、長さ50kmの光ファイバーによる暗号鍵配送を実証した。

試作したチップの大きさは、量子送信チップが2mm×6mm、量子受信チップが8mm×8mm、量子乱数発生チップが2mm×6mmで、

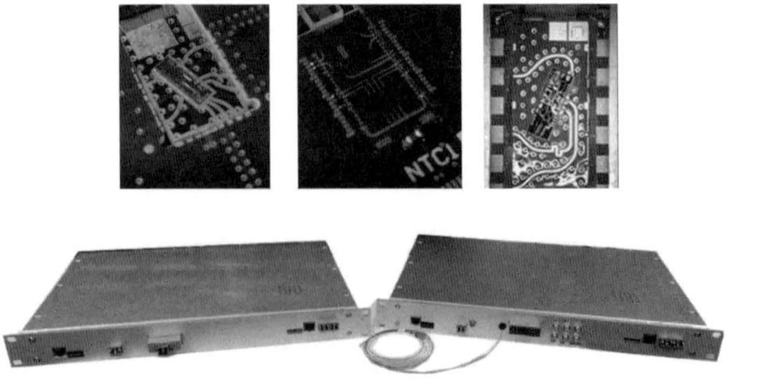

図6　光集積回路化でシステムを小型化
「量子送信チップ」「量子受信チップ」「量子乱数発生チップ」の3つを開発し、これらを実装したシステムで長さ50kmの光ファイバーによる暗号鍵配送を実証した（写真：東芝）

標準的な半導体製造技術を用いて1枚のウエハー上に数百のチップを一度に製造できるという。

中国が他を圧倒するリード

日本は東芝のほかに、NECや三菱電機、NTTなどが量子暗号通信の研究開発を手掛けている。2010年からは情報通信研究機構（NICT）が東京の100km圏内で「Tokyo QKD Network」というテストベッドを運用するなど、性能や実証面で世界の先頭集団にいる。

しかし、世界的にみると「スピード感と規模で中国が他を圧倒している」（東芝デジタルソリューションズICTソリューション事業部QKD事業推進室チーフエバンジェリストの江島克郎氏）のが現実だ。前述したように、中国は既に構築済みの2000km以上に及ぶ量子暗号通信ネットワークを全国規模に拡大するとともに衛星量子暗号ネットワークを加えて、全長4600kmのネットワークを構築する計画を進めている。

そのために、2030年までに光衛星通信機能を搭載した衛星を5～8機打ち上げ、地上局を100カ所設置するとしている。将来、大規模な量子コンピューターが実現しても、外部から盗聴されない全国ネットワークを今から構築しようとしているわけだ。軍民融合を推し進める中国だけに、世界の安全保障関係者が動向を注視している。

EU独自の衛星量子暗号通信

安全保障などに向けた衛星コンステレーション（多数の小型衛星を一体運用）では、将来的に光衛星通信上での量子暗号通信によって、機密情報のセキュリティーを担保することが当たり前になるだろう。

宇宙空間では光ファイバーのような光子の伝送損失が生じないため、衛星同士が1000km以上離れていても直接、暗号鍵情報を伝送できるとされている。

欧州連合（EU）が2023年2月14日に認可した、独自の通信用衛星コンステレーション「IRIS^{2}」では、量子暗号通信ネットワークを構築する計画だ（**図7**）。防衛のみならず、政府（災害対応など）、民間ビジネスでのマルチユースを目指す。2025年から2027年の間に、低軌道へ最大170機の通信衛星を打ち上げ、その後、中軌道や静止軌道にも同様の衛星を打ち上げるとしている。

量子インターネットへ向け中継地点の脆弱性を解決

現状の量子暗号通信では、中継拠点でいったん暗号を解き、再び暗号化して送信することがセキュリティー上の脆弱性となっている。これを解決する技術が、光子の量子もつれを中継する「量子中継器」である。量子中継器は「量子もつれスワッピング」という現象を利用す

図7　欧州が独自の通信衛星コンステレーションを構築へ
「IRIS^{2}」は、量子暗号通信を使うことでEU向けに安全で回復力があるブロードバンド通信を衛星から提供する。2025年から2027年の間に最大170機の衛星を打ち上げる計画（出所：EU）

るデバイスである。

量子中継器を使えば、量子デバイス（量子コンピューターや量子メモリーなど）をつないで量子もつれを共有し、量子状態（量子ビット）をそのまま伝送する将来の通信基盤である「量子インターネット」を実現できる可能性がある。量子インターネットは、量子コンピューター同士を接続して膨大な分散処理を実行できたり、理論上完全に安全な量子暗号通信を可能にしたりする、と期待されている。

ソフトバンクは2023年9月21日、横浜国立大学発のスタートアップであるLQUOM（ルクオム、横浜市）と共に、量子インターネットの実現に向けた実験を開始した、と発表した。ソフトバンクの本社と東京都内にある同社のデータセンターを結ぶ距離16kmの光ファイバーに、LQUOMが開発を進めている量子通信システムを組み合わせるなどし

図8　LQUOMが開発した量子もつれ光源
量子もつれ光源装置「LQ-PS-100」。寸法は1.5m×0.4m。非線形光学結晶素子を用いて、量子メモリー吸収用の606nmと長距離通信用の1550nmの2つの波長の光子を同時に生成する。写真は研究開発段階の装置で、現在の仕様とは異なる（写真：LQUOM）

て、大都市部の実環境において量子もつれを伝送する実証を行う（**図8**）。共同研究の契約期間は約2年である。

ソフトバンクは、将来の量子社会を支えるインフラとして、既存のインターネット技術と量子インターネット技術を融合した「ハイブリッドネットワーク」の実用化を目指している。今回の実証はそれに向けた取り組みである。

量子インターネットの実現には膨大な技術開発が必要になる。例えば、量子もつれ光を生み出す技術や、量子もつれ光を光ファイバーで伝送する技術、さらに量子もつれ光を中継する技術などである。

中でも、実現に向けた最大のハードルとされるのが量子中継技術である。量子もつれは非常に不安定なため、そのままでは光ファイバーで長距離伝送ができず、通信経路の途中に専用の量子中継器が必要になる。

量子もつれを長距離伝送

LQUOMは2023年3月22日、横浜国立大学、中国・済南量子技術研究院との共同研究で、2光子の長距離伝送に成功したと発表している。具体的には、量子中継器用光源からの光子を距離10kmの光ファイバーで伝送後、量子状態を保持する量子メモリーへ保存・再生する技術の開発に成功した。

量子中継器の研究開発はスペイン、米国、中国など世界各地で、様々な方式を用いて行われている。こうした中でLQUOMは、これまでの技術開発および横浜国立大学との共同研究によって、量子中継器などに必要な基礎技術を保有している。「遠距離に量子もつれをつくる点に強みを持つ」と同社CEO（最高経営責任者）の新関和哉氏は言う。

これまで、高い量子通信速度を実現し得る多重化システムにおいて、LQUOMらが成功したような量子光源と量子メモリー間の長距離伝送は実現していなかった。

「一般に量子もつれ光源（以下、量子光源）と量子メモリーの統合が難しく、これらをシームレスにつなげられるのが、世界でも独自の当社の強み。これからはソフトバンクとの共同研究で、ラボを飛び出して実環境で実験を進める」と新関氏は話す。

実環境で課題を洗い出し

実環境は実験室と異なり、光ファイバーの揺らぎや損失が大きくなる。技術的なハードルはかなり高くなるが、「東京という世界の大都市で実証に成功すれば、世界中のどこの環境にも適用できるようになる可能性がある」（新関氏）としている。

量子暗号通信では中国が他国を大きくリードしているが、量子中継器に関しては中国でもまだ実環境で動作する装置は実現していないという。LQUOMは世界のトップランナーの1社として、量子コンピューターが実装されるより前に、量子中継器の初期の実用化を目指す方針だ。

量子中継器は、量子光源、量子メモリー、量子光源と量子メモリーをつなぐインターフェース（波長変換など）などで構成される。端的に言えば、量子メモリー間で量子もつれ状態をつくり、それを次々にバケツリレーして長距離に配送する。

量子光源は、量子メモリーが吸収する波長606nmと通信用の同1550nmの、2波長の光子を同時に生成する。

量子中継の動作スキームはこうだ（**図9**）。まず、（1）量子光源①で非線形光学結晶素子を用いて、606nmと1550nmの光子のペアを生成する。606nmは量子メモリーとして使う結晶が吸収できる波長で、1550nmは光ファイバーでの通信用波長である。(2) 1550nmの光子は、光ファイバーを通って中間地点Aへ。量子メモリー用の606nmの光子は、量子メモリー①に保存。

(3) 量子光源②でも同様のことを行う。量子メモリー波長の光子は量子メモリー②に保存。(4) 中間地点Aで、通信波長の光子同士が干渉する。その結果を受けて、量子メモリー①と②がもつれ状態に射影される。(5) 量子光源③と④を使い、中間地点Bでも同様のことを行う。

(6) 量子メモリー②と③から光子を放出して、量子状態の相関関係を測定（ベル測定）する。その結果を受けて、量子メモリー①と④がもつれ状態に射影される。②の状態を、どんなに離れていても量子情報を瞬時に共有できる「量子テレポーテーション」によって④に転写したため、①と④がもつれ状態になるのだ。以上を繰り返すことで、

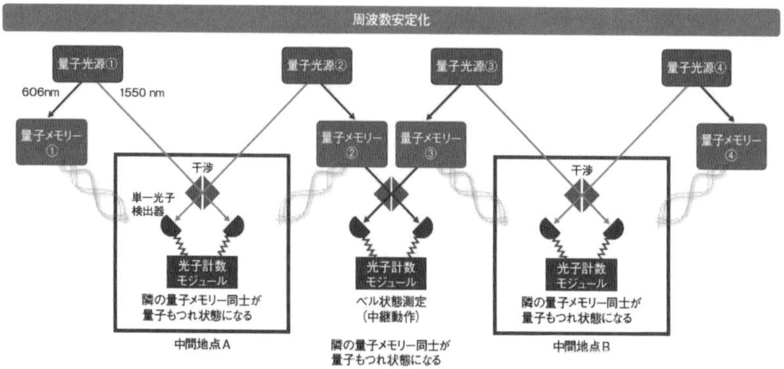

図9　量子中継の動作スキーム
中間地点のAとBで量子もつれ状態をつくり、量子メモリー②と③から光子を放出して量子測定を行うことで、量子メモリー①と④が量子もつれ状態に射影される。これを繰り返して量子もつれ状態を配送していく（出所：LQUOM）

長距離の量子もつれ状態の配送が実現する。

図10は、量子中継器のコア技術である。LQUOMは横浜国立大学から独占ライセンスを受けて、周波数スペクトラムの幅が1MHzと狭い、つまり周波数スペクトルが単一の量子光源や、周波数多重を可能にする量子メモリー、遠隔地の光源同士・メモリー同士の周波数を高い精度で一致させる周波数安定化技術を開発した。さらに、量子メモリーにつなげるためのインターフェースも独自に開発している。

これらの要素技術の開発と統合によって、量子光源からの2光子を10kmの光ファイバーを介して伝送し、波長変換をした後、量子メモリーに保存して再生することに成功している。

今後、ソフトバンクとLQUOMは、実際のネットワーク環境において、量子もつれ状態の振る舞い（安定度や位相の変化など）に関するデータを取得・解析することで、量子通信技術の実用化に向けた課題の洗い出しと整理を行うとしている。

将来的には、LQUOMが開発した量子通信システムを使って、ソフトバンクのネットワーク上で量子通信の長距離伝送試験を行う予定だ。

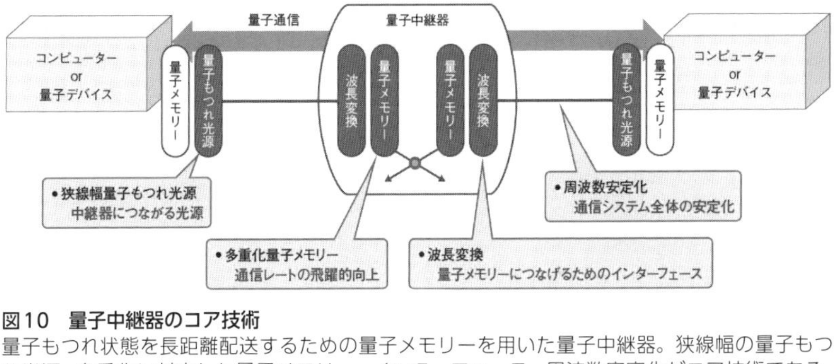

図10　量子中継器のコア技術
量子もつれ状態を長距離配送するための量子メモリーを用いた量子中継器。狭線幅の量子もつれ光源、多重化に対応した量子メモリー、インターフェース、周波数安定化がコア技術である。量子メモリーにはPr:YSO結晶（プラセオジム添加イットリウムシリケート）を用いる（出所：LQUOM）

第9章
防衛力強化の鍵、「デュアルユース」

1 撤退相次ぐ防衛産業の憂鬱

防衛省が掲げる「防衛力の抜本的強化」を実現するためには、民間企業から先端技術を迅速に取り入れ、民間企業には利益などを還元するエコシステムの構築が不可欠だ。「防衛産業のエコシステムができないと国内で装備品を造れず、輸入品を買うしか選択肢がなくなってしまう」（防衛装備庁技術戦略部部長の松本恭典氏）

国家安全保障戦略には「我が国の防衛生産・技術基盤は、自国での防衛装備品の研究開発・生産・調達の安定的な確保等のために不可欠な基盤である。したがって、我が国の防衛生産・技術基盤は、いわば防衛力そのものと位置付けられるものであることから、その強化は必要不可欠である」と記載された。

しかし、皮肉にもその基盤が揺らいでいる。日本が直面する脅威が増大する一方で、ここ5年以内、防衛産業から撤退する国内企業が相次いでいる（**表1**）。例えば2021年には三井E＆S造船、住友重機械工業、横河電機が撤退した。直近、20年では約100社という規模だ。

防衛産業に関わる企業は中小を含めて裾野が広く、戦闘機で約1100社、戦車で約1300社、護衛艦で約8300社と膨大だが、相次ぐ大手企業

企業名	撤退年	開発品目
コマツ	2019	軽装甲機動車
ダイセル	2020	射出座席、火工品
三井E&S造船	2021	艦船（三菱重工が承継）
住友重機械工業	2021	次期機関銃
横河電機	2021	航空機用ディスプレー（OKIが承継）

表1　ここ5年以内に防衛産業から撤退した企業例
（出所：防衛装備庁の資料を基に日経クロステックが作成）

の撤退は深刻な事態である。

理由は複数ある。(1) 防衛産業は需要が限られる(購入先はほぼ自衛隊で数量も少ない)、(2) 収益化に時間がかかる(民間に比べて実装までの時間が長い)、(3) 実質的な利益率が低い、などである。

防衛装備品には市場価格がない。これまでは防衛省が原価を計算し、利益率を平均8%に設定してきた。しかし、購入先が限定されていることや、納入まで時間がかかることで原材料価格の高騰などの影響を受けやすい。実質的な利益率は2〜3%程度とみられている。防衛産業に携わる大手企業の防衛需要依存率は約4%と低い。だから、経営環境が厳しさを増す中、撤退という判断を下す企業が増えているのだ。

そこで、防衛省は2023年度から、品質や納期などの実績を企業ごとに評価して利益率を最大10%に設定。さらに原材料高騰など調達コストの変動分として最大5%を契約年数に応じて付与する仕組みを導入した。

装備品輸出の実績はたった1件のみ

日本の防衛産業の発展を妨げていた要因の1つに、「防衛装備移転三原則」によって輸出が制限されていることもある。防衛装備移転三原則では、海外移転を認めるのは、(1) 平和貢献・国際協力の積極的な推進に資する場合、(2) 米国など安全保障面での協力関係がある国(同盟国)との共同開発・生産をする場合、(3) 同盟国などとの安全保障・防衛分野における協力の強化や装備品の維持を含む自衛隊の活動、さらに邦人の安全確保の観点から日本の安全保障に資する場合、などとされている。

このため、装備品の輸出はフィリピン国防省への三菱電機製警戒管制レーダーの1件のみにとどまっているのが現状だ。

そこで政府は、この規制を緩和して装備品の海外輸出を促すための検討を始めている。経済産業省 製造産業局航空機武器宇宙産業課防衛産業企画官の府川秀樹氏は「防衛装備品の移転を円滑化していく。輸出管理をするメカニズムの適切な運用について、スムーズにいくように企業に対してコンサルをしていく」と話す。

海外では当たり前のデュアルユース

もっとも、これだけでは防衛関連事業を存続し続けるのに心もとない。そこで重要になるのは、開発した技術が防衛装備品だけでなく、民間向けの製品やシステムでも活用できる「デュアルユース（軍民両用）」技術として、民間産業の発展に貢献することだ。デュアルだけでなく、さらに災害対策など政府案件を含めて「マルチユース（多用途）」と呼ぶこともある。

「例えばイスラエルでは、軍からの強烈なニーズがイノベーションを生んでいる。そこに政府が集中的に投資し、元軍人がベンチャー企業を立ち上げて民間に技術をスピンオフしている」（防衛装備庁の松本氏）。イスラエルは“ベンチャー企業大国”として知られるが、その多くが軍用技術開発を出発点としている。

デュアルユース技術には、民生分野の技術を安全保障で利用する「スピンオン」と、安全保障目的で研究開発された技術を社会に還元する「スピンオフ」の2つの側面がある。

例えば、スピンオフの代表事例に、米国防総省（DoD）傘下のDARPA（国防高等研究計画局）が開発した、インターネットやGPS（全地球測位システム）がある。一方、スピンオンの代表事例は、出発点がホビー用途だったドローン（無人機）だ。宇宙のように、そもそもがデュアルユースで、開発した技術を民生にも安全保障にも使える技術もある。

日本とイスラエルでは安全保障を取り巻く事情が大きく異なるため、イスラエルのようなやり方を日本でそのまま実践するのは難しいだろう。ただし、デュアルユースの積極展開は日本以外の多くの国で既に実践されており、世界に手本となる事例は多くある。安全保障に詳しい三菱総合研究所は、「米国や欧州、中国などは民生分野と防衛分野の垣根をなくして研究開発を一体的に進めるような政策や施策を打ち出している」と指摘する。

「令和5年（2023年）版防衛白書」にはこんな一文が書かれている。「中国の軍民融合政策は技術分野において顕著であり、中国は、軍用技術を国民経済建設に役立てつつ、民生技術を国防建設に吸収するという双方向の技術交流を促すとともに、軍民両用の分野を通じて外国の技術を吸収することにも関心を有しているとみられる。技術分野における軍民融合は、特に海洋、宇宙、サイバー、人工知能（AI）といった中国にとっての『新興領域』とされる分野における取組を重視しているとされる」

軍事用と民生用を分けるのはもはや困難

デュアルユースを進展させるためには、実用化された技術を別の目的に転用する「応用研究」と呼ばれるタイプの研究が必要になる。「これを実施するには政府の支援や協力、インセンティブ付与が不可欠だが、これまでは日本にそのような制度が存在せず、技術を見極める経験を持つ研究者も育たなかった」（三菱総合研究所）

こうした状況を改善する動きが最近になって出てきている。日本経済新聞の2023年8月11日付の記事「防衛省、研究機関と初の定例協議 軍民両用を後押し」によると、「防衛省・自衛隊は2023年度内を目標に大学や研究機関と先端技術の活用に関する定例協議の枠組みを初めて設け、デュアルユースの研究成果を共有する。使い道を広げて技術革新を後押しする」という。新設する定例協議には、大学や政府の研究機関、国立研究開発法人の研究者らを招集することを想定している。

この動きの背景にあるのが、国内の科学者の代表機関である日本学術会議が2022年7月、デュアルユースに対して出した見解だ。これまでは一貫して軍事目的の研究に反対する立場を取ってきたが、従来のようにデュアルユースとそうでないものを「単純に二分することは困難」として事実上容認したのだ。

イノベーション創出目指す研究組織

デュアルユースの進展に向けた課題は幾つもあるが、重要なものの1つが、先端技術を生み出すための研究開発体制の充実だ。

防衛省は2015年度に、防衛分野での将来における研究開発に資することを期待して先進的な基礎研究を公募する「安全保障技術研究推進制度」を開始し、2020年度に先端技術を活用した装備品の創出を目標とする「先端技術の橋渡し研究」を開始している（**図1**）。前者で技術を育み、後者で装備に取り込むという狙いだ。

しかし、これまでは海外と比較して研究開発予算における防衛分野の比率は3％と低かった。例えば、英国は11％、韓国は16％である。そこで、2023年度には「先端技術の橋渡し研究」の年間予算を188億円と、2022年度の9億円から大幅に増強した。

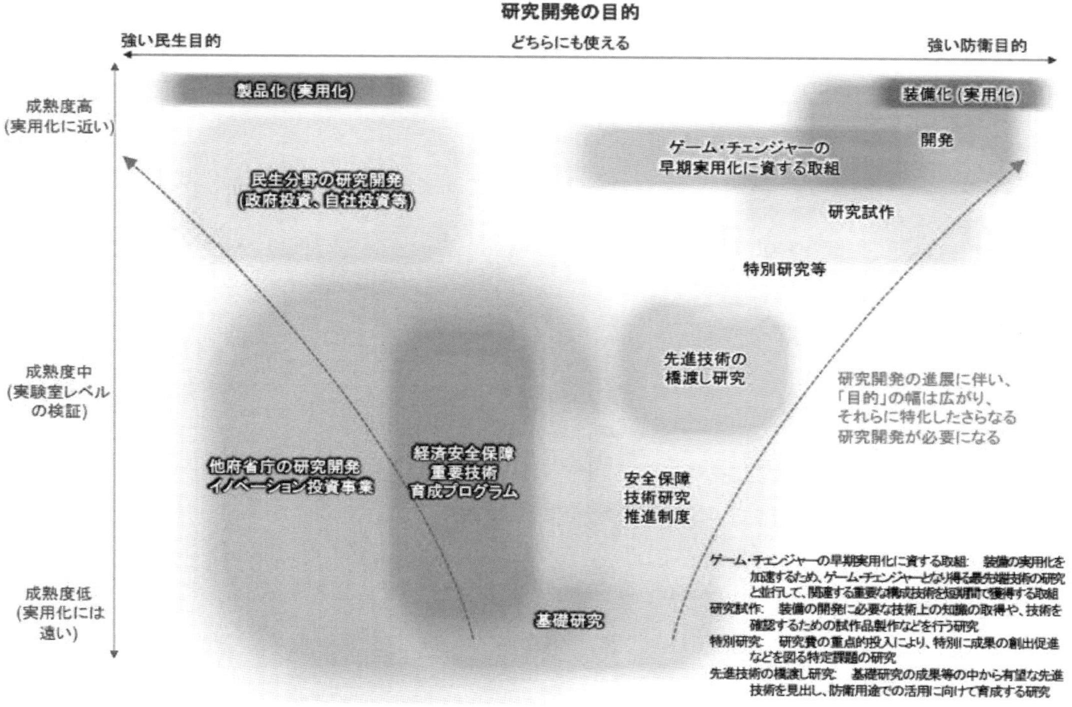

図1　各種の研究開発制度などの位置づけ
防衛目的か民生目的かを横軸、実用化に対する成熟度を縦軸に研究開発制度などをプロットしている
(出所：防衛省)

さらに防衛装備庁は、「日本版DARPA」とも呼ばれる新しい研究組織を2024年度に設立すべく検討を進めている。そのコンセプトは「防衛装備にイノベーションを起こす可能性がある研究テーマに投資すること。現在の研究開発制度では、防衛省の要求を満たせないと違約金を支払う必要があったりするが、そうした制約を取り払う。失敗を許容する」(防衛装備庁の松本氏)。具体的には、AIやドローン、量子といった先端技術の開発を支援する。

こうした取り組みについて三菱総合研究所は「防衛コミュニティーとアカデミアなどが関係性を構築するに当たって、研究開発投資(研究者への研究費配分)の増額やDARPA型の研究組織を創設することは、デュアルユースの進展に向けた取り組みとして有望」と評価する。

もちろん、成功に向けた課題は多いが、防衛装備庁の意気込みは強い。同庁技術戦略部技術戦略課技術企画室長防衛技官の大崎馨氏は、「防衛省におけるこれまでの研究は、絶対失敗しない、無駄を生まないことが重要だった。着手時点でゴールが見える研究をやっていたイメージだ。でも、今回はリスクを取って挑戦する」と話す。大きな方針転換といえるが、この意気込みを実践につなげられるかが次のステップとして重要になる。

ちなみに防衛装備庁が設立する新研究組織では、10年以上先を見据えたDARPA的なアプローチの研究に加えて、DoDの「国防イノベーションユニット(DIU:Defense Innovation Unit)」が実践しているような研究も行う予定だ。DIUは既にある民間の先端技術を取り込むことがミッションで、米国シリコンバレーに拠点を構えている。新研究組織でも、企業が有する様々な技術を取り込んで、将来の戦いに必要な機能や能力を早期に獲得することを目指すとしている。

2 防衛で鍛えた技術を民間にスピンオフ

防衛装備品ビジネスの最大の弱点は「数が出ない」ことである。民間向け製品のように量産化によって低コスト化を進め、利益を拡大していくビジネスは望めない。ここにきて、防衛向けで鍛えた技術をスピンオフし、民間でも活用する「デュアルユース」の取り組みが活発化している。事例の一端を紹介する。

潜水艦技術で深海3000mのパイプライン検査　（川崎重工業）

川崎重工業は2023年内に、海底パイプラインの検査業務を担う英Modus Subsea Services（モダス・サブシー・サービス）に、世界初の検査用ロボットアームを搭載した自律型無人潜水機（AUV：Autonomous Underwater Vehicle）「SPICE」を納入する（**図2**）。機体のサイズは全長約5.6m、幅約1.4m、高さ約1.1mである。

図2　川崎重工の自律型無人潜水機「SPICE」
自律航行し、ロボットアームでパイプラインを近接検査できるのが最大の特徴。モダス・サブシー・サービスに納入する「SPICE-1」の寸法は、全長約5.6m、幅約1.4m、高さ約1.1m。深度3000mまで潜航できる（出所：川崎重工業）

SPICEは最も深い場所で、1m^{2}当たり3000トンの水圧がかかる3000mの深海での作業を想定して設計されている。モダス・サブシー・サービスは、北海をはじめとする世界の海底パイプライン敷設海域でSPICEを運用する予定だ。

無人潜水機に、母船（水上船）からオペレーターが遠隔操作するタイプ（ROV：Remotely Operated Vehicle）と自律航行するAUVの2種類がある。これまでAUVは海底の地形観測など科学技術調査や資源探査に使われた例があるが、海底パイプラインの検査では専らROVが使われていた。AUVの導入によって、検査の省人化や低コスト化、安全性の向上などが期待されている。

川崎重工は1906年に国産初の潜水艇を同社神戸工場で建造して以来、1960年には海上自衛隊向けの国産初の潜水艦「おやしお」を建造するなど、潜水艦の技術を長らく蓄積してきた。

同社がその技術を応用した民生用AUVの開発に着手したのは1998年のことだ。その頃、潜水機には有人から無人化へのトレンドが訪れていたが、既にROVは欧米企業の技術開発が進んでいて参入障壁が高かった。そこで「伸びしろがあり、様々な技術開発が求められるAUVに挑戦することになった」（同社エネルギーソリューション&マリンカンパニー船舶海洋ディビジョン エグゼクティブフェロー の湯浅鉄二氏）。SPICEの開発自体は、国土交通省の補助金を受けて2013年にスタートした。

SPICEの最大のターゲットは、海底油田のパイプライン検査業務である（**図3**）。海底油田の生産量は全石油生産の約30%を占め、海底パイプラインは世界で数万kmの距離が敷設されている。国際エネルギー機関（IEA）によれば、今後も400m以上の深海での生産量は増加し、パイプラインは定期的に検査が必要になる。この成長市場の獲得を目指す。

1回当たり30～40km分を検査

これまでのROVによる海底パイプラインの検査では、母船からオペレーターがROVに搭載されたカメラ映像やセンサーデータを見ながら遠隔操作をしていた。これだと検査のスピードが遅いうえ、専門スキルを持つオペレーターの人件費や母船の運用コストがかかるのが大きな問題だった。

こうした課題を自律化によって改善するのがAUVだ。ただし、海面からはまったく見えない深海を自律航行しながら海底に敷設されたパイプラインを見つけ、潮流がある中でそれに沿って近接から検査し続けるためには、様々な技術が要求される。

具体的には、(1) 深海の高圧力に耐える船体、(2) GPS（全地球測位システム）の電波が届かない海中で自律航行するための制御、(3)

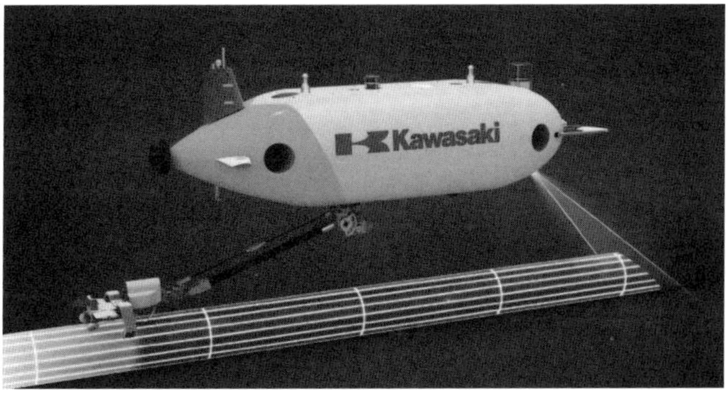

図3　SPICEが海底パイプラインを検査している様子
ロボットアームの先端に検査用のセンサーを搭載しており、アームをパイプラインに沿わせて移動する。SPICEは自律航行して海底のパイプラインを探して作業を始める（出所：川崎重工業の公式動画からキャプチャー）

航行に必要なエネルギーの供給、(4) 検査データの収集、など多くの技術課題があった。

SPICEがパイプラインを検査する流れはこうだ。まず、母船と複合ケーブルでつながれ、SPICEへの電源供給やデータ授受が可能なドッキングステーションに接続された状態で、船から海へ投入される(**図4**)。

海中ではドッキングステーションから離脱し、自動で潜航を開始する。最速は4ノット(時速約7.4km)である。自己位置の情報はIMU(慣性航法装置)と音響通信(ソナー)のデータから計算する。そして搭載するソナーでパイプラインを見つけ、船体の下部に付いた6自由度のロボットアームを下ろす。

ロボットアームの先端には車輪の付いた台座があり、そこにカメラや水中電界センサー(さびや腐食部から電界の状況を検出)など各種の検査用センサーを搭載している。検査時に台座がパイプラインの上

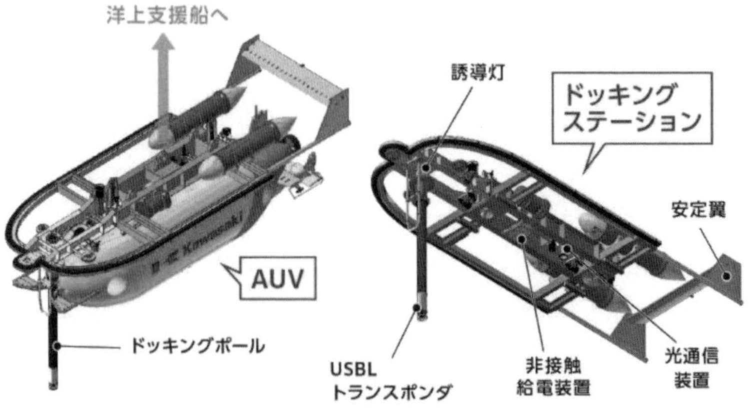

図4　非接触給電や水中光通信機能を装備したドッキングステーション
SPICEを母船からドッキングステーションに接続した状態で海に投入したり、海から引き上げたりする(左)。ドッキングステーションには非接触給電や水中光通信、母船へのデータ伝送機能などが搭載されている(右)(出所:川崎重工業)

を転がっていくことで、近接からセンサーのデータを取得できる。

SPICEは潮流があっても姿勢を制御しながら、パイプラインに沿って移動する。1ノット（時速約1.85km）の潮流でも検査を続けられる。また、パイプラインの上に障害物がある際は、アームを自動で上げてそれを回避し、再びアームをパイプ上に戻して検査を続行する。

リチウムイオン電池で駆動し、1回の充電で8時間航行できる。時速3.70〜5.55kmでパイプライン上を航行し、1回当たり約30〜40km分を検査できるという。

SPICEは電池の残量が少なくなると、母船からつり下げられているドッキングステーションの位置をソナーで確認し、自動的に帰還してドッキングする。そして、ステーションを介して電池の充電と収集した検査データの母船への転送を行う。

ただし、深海では水圧や水密性の関係で物理的なコネクターを使うと耐久性を担保できない。そこで充電には電磁誘導方式の非接触給電を使う。約4時間でフル充電が可能だ。

一方、データの転送には水中光通信を使う（**図5**）。波長は青色帯で、

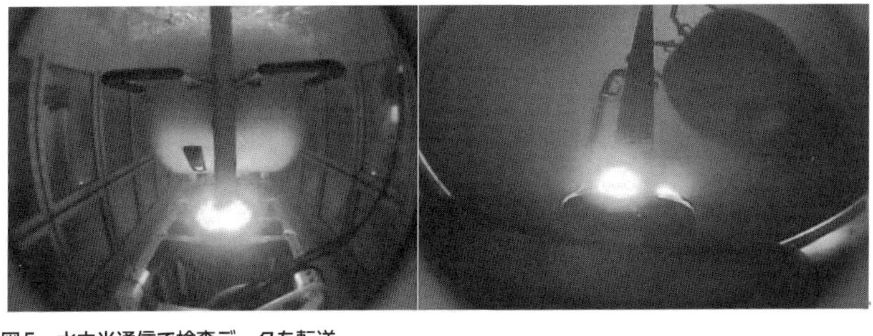

図5　水中光通信で検査データを転送
波長は青色帯で、実質的なスループットは数十Mbps。ドッキングステーションに帰還した際に検査データを転送する。水中光通信のスループットは水質などに左右されるが、この場合は通信距離が短いので特に問題はないという。左は水槽におけるAUVのステーションへのドッキング状況、右は実海域におけるAUVのステーションへのドッキング状況（写真：川崎重工業）

スループットは理論最大値が100Mbps（ビット/秒）、実質数十Mbpsである。水中光通信のスループットは水中の透明度などに左右されるが、ここでは近接の通信のため大きな低下はないという。なお、水中光通信はデータ転送以外に、ドッキング時にAUVとステーションを位置合わせするのにも利用している。

一般にAUVの運用では船体を海中に投入したり、引き上げたりするのが最も危険を伴う作業である。SPICEはドッキングステーションを使うことで、海中での充電とデータの転送を可能にした。これによって運用の効率と安全性を向上したとしている。

川崎重工は今後、AUVの技術をパイプライン検査以外の民生用途や防衛用途に展開していく。例えば民生では、洋上風力発電設備や海底ケーブルの検査需要を取り込める可能性があるという。湯浅氏は、洋上風力発電設備向けに展開するためには、「現在の2次元的な動きの自律制御技術だけでなく、3次元的な動きの制御技術が必要になる」としている。

無人潜水機の群制御で海中ミッションを効率化　(IHI)

防衛用途に向けて開発した無人海洋システムを、海洋資源探査などにスピンオフしようとしているのがIHIだ。

同社は既に、国産初となる実用型の自律無人潜水機「AUV（Autonomous Underwater Vehicle）」2機を海上保安庁に納入した実績を持つ。このAUVは海底の地形探索ミッションに使われている。

これまで海底の地形探査は海上の船からソナーで行っていたが、水深が深くなると解像度が高いデータを得られない。その課題をAUVを使って近接からデータを取得することで解決する。このAUVの最大速力は4ノット（時速約7.4km）、航続時間は24時間である。

IHIの無人海洋システムは、無人洋上中継器とAUVを組み合わせた運用に最大の特徴がある（**図6**）。波の影響を受けにくい半水没型のAUVである洋上中継器が、海中を航行する複数のAUVを管理する（**図7**）。

海中にはGPSの電波が届かない。AUVはIMUとソナーの情報で自己位置を把握するが、距離が進むほどその誤差は大きくなっていく。そこで、GPSの情報を取得している洋上中継器と連携することで位置情報を補正する。複数のAUVを協調運用することで、広い海域を効率的に探索できるとしている。

洋上中継器はアンテナ部（GPS、衛星通信、Wi-Fi を搭載）のみを海上に突き出しながら自律的に航行する。AUV の位置や移動などの情報は、音響通信を使って確認する（**図8**）。

無人海洋システムには、洋上中継器ではなく、無人水上艇がAUV

図6　無人洋上中継器と組み合わせて運用するIHIの汎用AUVプラットフォーム
寸法は直径0.7m、長さ5m。重量は1トン。最大深度は3000m。最大速力は4ノット（時速約7.4km）。航続時間は24時間（写真：IHI）

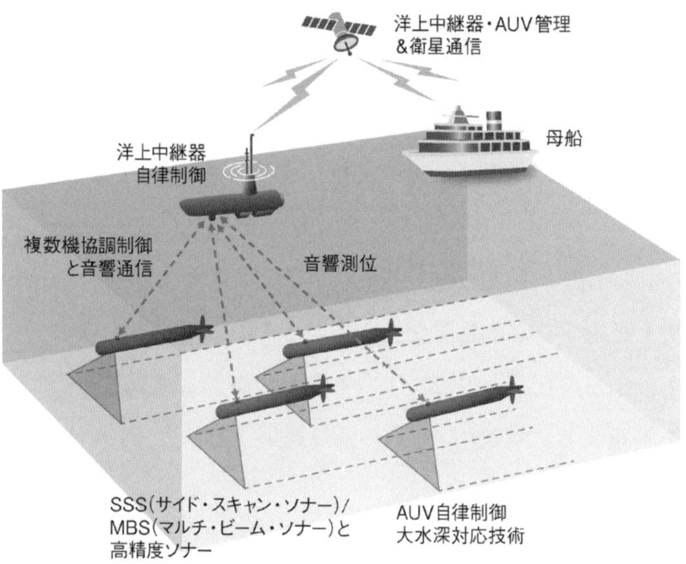

図7　複数の無人機を使った海底探査の様子
洋上中継器が複数のAUVの航行を管理する。複数のAUVを協調運用することで、広い海域を効率的に探索できる（出所：IHI）

図8　半水没型AUVである無人洋上中継器
半水没型なので波による船体の動揺が少なく安定している。運用深度は1.5mでアンテナ部のみを海上に突き出して航行する。寸法は直径0.58m、長さ4m。重量は約750kg（写真：IHI）

と連携してミッションを行うものもある。IHIによれば、「海洋資源探査は主に外洋で行うが、通常の船の形をした小型のASV（Autonomous Surface Vehicle、USVの民生版）では船体の動揺が大きい。そうなると、2000m程度の深海を航行するAUVとの通信確保が難しく、リンクが途切れてしまうことがある。その点、半没水型の洋上中継器は動揺が小さいため安定している」（同社航空・宇宙・防衛事業領域防衛事業連携統括部主任調査役の中尾誠二氏）という。

IHIはこれまでに、内閣府の戦略的イノベーション創造プログラム（SIP）「革新的深海資源調査技術」において、無人海洋システムを実証している。例えば、2020年には、洋上中継器がAUV3機の状態を把握しながら隊列航行することに成功した。

SIPでは2022年に、IHI製を含む異なるメーカーのAUV4機を使って隊列制御することに成功した。4機が航行する際に洋上中継器もそれを追いかけて通信を確保したという。

海中のミッションの効率化が期待できるAUVの群制御は、現在、海洋の世界で開発トレンドになっている。ただし、中尾氏によれば実証例は数少なく、IHIは「協調の行動パターンを確立した」点で優位性を持つという。

次なる課題は、AUVが海中を自律航行している際、「何か新しいイベントが起きたときに自律的に対処する機能の獲得。そのためには様々なデータを学習したAI（人工知能）が必要になる」（中尾氏）としている。

IHIは海洋探査以外に、洋上風力発電設備の点検ニーズに期待を寄せている。洋上風力発電は市場が拡大する一方、点検の仕事を担ってきたダイバーの人手不足が目立ってきたからである。

無人水上艇技術を水上バスに（JMUディフェンスシステムズ）

ジャパン マリンユナイテッド（JMU）子会社で防衛装備品を手掛けるJMUディフェンスシステムズ（京都府舞鶴市）は2023年3月、海上自衛隊の新型多機能護衛艦「もがみ」に搭載する自律型の無人水上艇「USV（Unmanned Surface Vehicle）」を納入した。「国産で実用段階のUSVを製造しているのは当社のみで、初めての納入事例となる」（同社開発部長の下田義守氏）としている。

このUSVは水中無人機および自走式機雷処分用弾薬の母船となる。これらの組み合わせによって、有事には母艦が危険海域に進入することなく、海底や海中に仕掛けられる機雷をソナーなどで探知し、自律的に処分できる。機雷処分任務の無人化を実現し、人的なリスクを大幅に減らすことが期待されている。また、USV単体では、警戒監視や偵察といったユースケースが想定されている。

JMUディフェンスシステムズの売り上げは9割以上が防衛省向けである。今回納入したUSVは、自動運航船の技術をベースに同社が開発した試作艇「うみかぜ」を、舞鶴市の自社施設と周辺海域で実証を重ね、製品化したものである。

ただし、防衛省向けの案件は少量多品種の世界で数は見込めない。そこで同社は製品化したうみかぜを防衛用途からスピンオフし、民生用途での展開を目指す。「デュアルユース」の推進である。

例えば、港湾部の重要インフラの監視や消波ブロックなどの点検に使ったり、港湾部や島しょ部で水上バスや荷役運搬船として使ったりする。自動運航船ではあるが、現時点では法律上、小型船舶として登録する必要があるため、最大12人が搭乗できる。少子高齢化に伴う労働人口の減少という社会問題に、省人化・無人化技術で貢献できるとしている。

うみかぜの船体は、寸法が全長11m×全幅3.2m×高さ1.5mで、排水量（重さ）は11トン。ディーゼルエンジンをベースにした2基のウオータージェット推進器で、最大23ノット（時速約42.6km）で航行する（**図9**）。周辺監視カメラ（可視光／赤外線）のほかに、高精度GNSS（全球測位衛星システム）、周辺認識用と計測用のLiDAR（レーザーレーダー）を搭載する。自動操船のほか、遠隔手動操船、手動操船が可能だ。

主な自律機能として、(1) 自動運航、(2) 定点保持航行、(3) 自動着桟（着岸）、(4) 障害物回避、を有する。(1) については、管制装置から指定された複数のウェーポイント（WP）間を高精度にトレースする。波高2.5mの環境でも航路を保持するという。

(2) は、管制装置から指定されたWPで、定点を保持する機能だ。

図9　JMUディフェンスシステムズの自動運航船
自動操船のほか、遠隔手動操船、手動操船が可能。ディーゼルエンジンをベースにした2基のウオータージェット推進器で、最大23ノット（時速約42.6km）で航行する（写真：JMUディフェンスシステムズ）

アンカーを出さずに一定の円内にずっととどまり続けることが可能である。位置保持優先と方位保持優先の2種類のモードを有している。「例えば、うみかぜとケーブルで接続されたROV（遠隔操作型無人潜水機）が水中作業を行っている場合などに、船首の向きが変わるとケーブルの挙動が原因となってROVの動作に支障を来してしまう。このUSVは、ウオータージェット推進器を制御して方位を保持するため、その心配がない」（下田氏）という。

(3）の自動着桟（着岸）機能は、着桟（着岸）位置を高精度に認識させる必要があるため、高精度測位サービス「VRS-RTK」を採用した。VRS-RTKは、GNSSの補正データと仮想基準点「VRS（Virtual Reference Station)」をインターネット経由で取得することで、高精度な測位を実現する。

JMUディフェンスシステムズは、自動運航船を使った各種海洋施設の無人点検の実証実験を行い、それが技術的に可能であることを確認済みだという。例えば、陸上局からの遠隔管制によって計画航路を3～4ノット（時速約5.55～7.4km）の速度で航行し、海洋施設に平行して高精度で繰り返し自動航行できることを確認している。また、沖合の消波ブロックに平行して航行し、マルチビームソナーとLiDARで点群データを取得し、それらを統合して3次元の点群モデルを作成できることを確認した（**図10**)。従来は漁船からカメラを水中に入れて撮影し、映像を確認していた。3次元の点群モデルで状態を確認できるため、従来より精密な点検が可能になる。

同社は現在、リチウムイオン電池で駆動する電動の自動運航船を開発中だ。「特に都市部では二酸化炭素（CO_2）対策から電動のニーズがあるからだ」（下田氏）。

現状、国内では自動運行船を実運用することは法律で認められていない。地上の一般道と同様、実証ではUSVに人が乗ったりすることなどで対処している。国土交通省は2022年2月に「自動運航船に関する安全ガイドライン」を発表し、2025年の実用化を目標に環境を整備していく方針だ。

水中音響沿岸監視で密漁をストップ　(OKI)

「海洋モニタリングの事業領域では、従来防衛向けと民間向けの両方を展開してきた。ところが、これではリソースが分散してしまうし、防衛向けは予算が増えているといってもなかなか成長を見込めない。そこで、防衛向けで培ったソナーなどの技術を民間向けにスピンオフし、逆に民間向けの先端技術を防衛にスピンオンして事業を拡大したい」

OKI特機システム事業部長の加藤洋一氏はこう話す。同社はこれまで防衛事業で培ってきた、潜水艦や水上艦向けのソナー、水中音響センシング、水中ネットワークなどの技術をスピンオフしていく計画である。

例えば、「水中音響沿岸監視システム」は、侵入してくる船やダイバー、AUVなどをパッシブ型の音響センサーで検知する（**図11**）。船

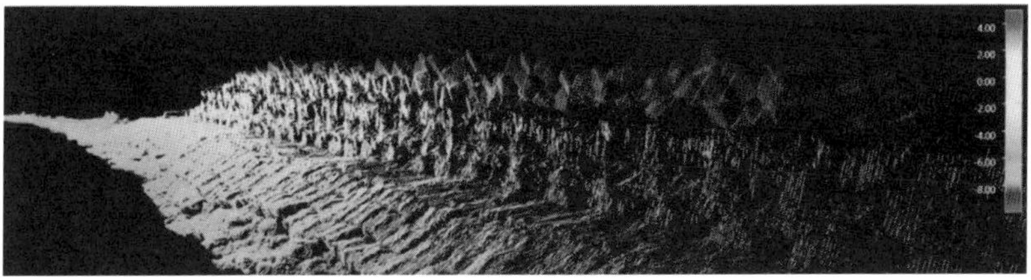

図10　消波ブロックの3次元点群モデル
従来のカメラ映像と比較して、3次元の点群モデルで状態を確認できるため精密な点検が可能になるという（出所：JMUディフェンスシステムズ）

のエンジン音やダイバーの呼吸音を、様々な雑音が含まれる中から信号処理で拾い出す。例えば船では2km、ダイバーでは200～300mの距離でも検知できるという。

OKIらは2021年10月に、この技術を活用した「密漁監視ソリューション」が、実海域での長期的な運用において安定的な動作を確保できることを確認したと発表している。近年、アワビやナマコなどの高級食材を狙う組織的な密漁が横行。監視カメラや人手によるパトロールなどでは人件費や装置コストの負担が大きく、特に夜間の無灯火船や水中のダイバーを監視して不審者を発見するのは難しい。

そこで、北海道増毛町の実海域にこのシステムを導入して実証した。2021年7月には、システムからの不審音検知情報に基づいて増毛漁協および留萌警察署が見回りを行った結果、不審者と不審船を発見し、密漁被害を未然に防ぐ成果を上げたという。

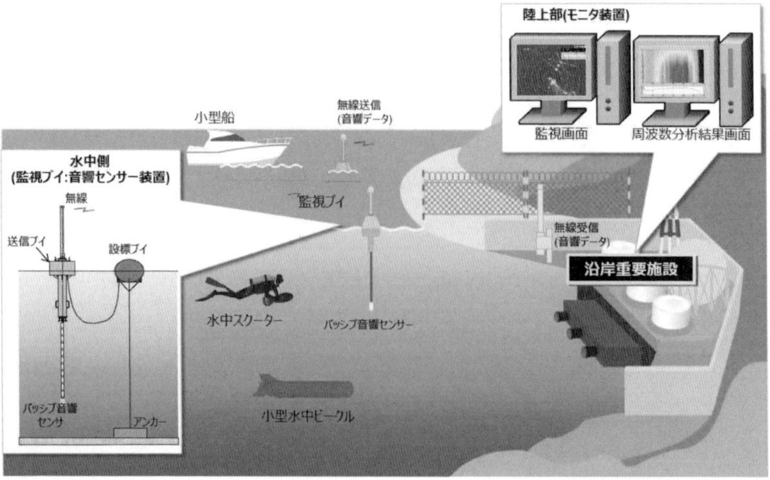

図11　水中音響沿岸監視システムのイメージ
図は沿岸部の重要施設を監視する際のシステム。パッシブ型の音響センサーで船やダイバーの侵入を検知し、その情報を送信ブイから無線で陸上の監視所などに送る（出所：OKI）

OKIではこのシステムのほかに、AUVの各センサー間の情報のやり取りに使える水中音響通信や、海中で受信した音から音源の個体（航行船舶や海洋生物など）を識別する技術などをスピンオフさせていく計画だ。

インタビュー

三菱総研に聞く「デュアルユース」発展の要諦

日本の防衛力を強化するための策の1つとして、最近注目を集めているのが、デュアルユースである。現状、日本はデュアルユースで世界に遅れを取っており、政府は2023年8月25日に、デュアルユースとして開発を後押しする重要技術を9分野指定した。では、デュアルユースを日本でどのように進展させていけばいいのか、そして課題は何なのか。安全保障分野に詳しい三菱総合研究所に書面で質問し、回答を得た。

── 日本の防衛力強化に必要な要素の1つとして「デュアルユースの進展」が挙げられています。まず、これまで日本が諸外国と比べてデュアルユースが進んでいなかった理由をどう分析していますか。

デュアルユースを進めるためには、実用化された技術を別の目的に転用する「応用研究」と呼ばれるタイプの研究が必要です。これには政府の支援や協力、インセンティブ付与が不可欠ですが、これまではそのような制度が存在せず、技術を見極める経験を持つ研究者も育ちませんでした。防衛に関する技術や情報を共有する仕組みが確立していなかったことも課題でした。昨今、この状況を改善する動きが、幾つかみられます。

デュアルユース技術に関しては、民生分野の技術を安全保障目的や防衛目的で利用する「スピンオン」と、防衛目的で研究開発された技術を社会に還元する「スピンオフ」の2つの側面があります。

2023年6月に防衛省から公開された「防衛技術指針2023」では、日本としては技術のデュアルユース性を活用し、防衛力強化の実現を目指す姿勢を明確にしました。

このためには、技術のデュアルユース性を見いだす（見極める）ことと、それを迅速に防衛装備品や社会に適用・実装することが重要です。特に前者の見極めについては、防衛技術指針でも「知る」という表現で重要視していますが、これには技術（シーズ）そのものの特性や新規性を正しく理解するとともに、将来の戦い方や防衛装備品の運用に係る知見を基に課題（ニーズ）を把握し、それらを結びつけることが重要です。

これまで日本では情報（技術）の保全に関する要件が厳しく、大学や国立研究所、企業などの研究者と防衛省の間で、上記に関する情報共有や協力関係が必ずしも十分ではなかったという意見もあります。

政府では「セキュリティ・クリアランス制度」（政府が指定する国家機密などの情報にアクセスする必要がある者に対して、アクセス権を付与する制度。秘密情報を漏洩した場合は厳罰を科す）に関する検討が進んでいます。

この制度のように保護すべき情報、取扱者、施設の要件を明確化し、オープンにすべき部分とクローズにすべき部分を見極めながら可能な範囲で今後の方向性について議論や認識を共有するなど、防衛コミュニティーとアカデミア（大学や公共研究機関の研究職）、スタートアップとの新たなネットワークの構築が必要だと考えています。

諸外国が日本と比べてデュアルユース技術の活用が進んでいるかどうかについてですが、確かに米国や欧州、中国などは民生分野と防衛分野の垣根をなくして研究開発を一体的に進めるような政策や施策を打ち出しています。しかし一方で、これらの国々においても時代に合わせて試行錯誤を繰り返しているように見受けられ、まだ議論の余地があります。

――防衛省はデュアルユースを進展させるために研究開発投資を大幅に増額したり、「日本版DARPA（米国防総省の国防高等研究計画局）」のような組織をつくったりすることを検討しています。こうした取り組みは奏功しそうでしょうか。

防衛コミュニティーとアカデミアなどが関係性を構築するに当たって、研究開発投資（研究者への研究費配分）の増額やDARPA型の研究組織を創設することは、デュアルユースの進展に向けた取り組みとして有望です。

課題は3つあります。(1) 他の研究開発制度も含めたポートフォリオ管理、(2) セキュリティー・クリアランスを含む情報の保全制度の整備、(3) 研究開発を率いるPM（プログラムマネージャー）の権限と職務倫理規定（利益相反防止など）の明確化、です。

研究費の増額は、研究者にとってインセンティブの1つになり得ますし、特にこれまで防衛コミュニティーと関係を持ったことがない研究者を引きつける契機になる可能性があります。

ただし、政府全体としての研究開発ポートフォリオにも留意する必要があり、他省庁が資金提供をしている研究テーマや研究者との完全な重複は避ける必要があると思います。

一方、他省庁が基礎研究として発掘・育成したテーマに対し、防衛装備庁がバトンを受け取って、応用や社会実装に発展させる事業として資金提供することはあり得ます。

デュアルユース技術は民生分野で使用される可能性がありますが、

技術の研究や開発の途上で安全保障分野のニーズとの突き合わせが必要となる場合は、セキュリティー・クリアランスのように慎重な管理や線引きが必要となります。

現在検討されているDARPA型研究組織については細部次第だと思いますが、組織を運営するうえで適切な人材の確保のほか、従来の国による研究開発制度などと比べて、研究者が煩雑だと感じたり忌避したがったりするようなディスインセンティブ（事務手続きや研究を進めるうえでの負荷、PMやプロデューサーの裁量制限など）を減らすことができれば有用な方策になり得ます。

DAPRAでは民間出身のPMに対して強力な権限などを付与している点もポイントですが、日本がこの制度を取り入れる際に、利益相反マネジメントなど国の予算を利用するうえで適切な管理を定着させることが重要になります。

なお、「DARPAのような組織」については昨今、米国以外でも積極的に取り組まれており、英国、オーストラリア、韓国なども類似した組織やプログラムを立ち上げています。

ニーズ側とシーズ側の相互理解を深める

── 民間の先端技術の獲得に関して、海外には参考になる取り組みはあるでしょうか。米国防総省（DoD）の国防イノベーションユニット（DIU）の取り組みはお手本になりそうでしょうか。

DIUの取り組みは非防衛産業が参入しやすいよう調達プロセスを簡略化しており、多様な企業が参画することで先端技術の実装を加速する効果があります。しかしながら、これを日本で取り入れる場合は、調達制度との整合を図る必要があります。

DIUの取り組みの特徴としてはそのスピード感があります。既存の調達制度とは異なる仕組みを活用しつつ、これまでの政府機関にはないスピードで先端技術の獲得を試行しています。

ただし、DIU の仕組みを実現するにあたっては利益相反マネジメントや権限設定を適切に行う必要があります。また、制度として用意できた場合であっても、運用の前例がない状況下で必要なリスクテイクをできる雰囲気や組織風土・文化の醸成も重要だと思います。

DIUによる取り組み以外に、参考になるアプローチが幾つかあります。1つは、防衛コミュニティーとアカデミアなどの接点を増やすことです。例えばDARPAの各プログラムにおける「Proposers Day（提案者の日）」や、「DARPA Forward」など、政府機関側から積極的かつオープンに対話の機会（接点）を設け、ニーズ側とシーズ側の相互理解を深める取り組みです。

その他には、チャレンジ型（コンペ型）の調達によって、参加者の中から優れた結果を残した事業者や個人を選出し、先端技術を獲得することも考えられます。

ただし、これはテーマによってはテクノロジー（技術）よりもテクニック（技法）によるところもあり、研究者よりも例えばAI（人工知能）やセキュリティーなどのエンジニア獲得に向いている場合もあります。日本の防衛装備庁においても過去にコンペ型のイベントを開催していますが、米国はよりエンターテインメントを意識しているように見受けられ、より広く参加者を募る流れができている可能性があります。

──三菱総研の研究員が連載しているコラムでは、自衛隊のインフラを活用した「イノベーション・テストベッド」を提案しています。こ

うした取り組みは米国など海外では既に数多く実施されているのでしょうか。

米国において、民生でも活用可能な先端技術の実証を部隊が実際に行っているケースを確認してはいるものの、全体的な数量（多寡）については不明です。

イノベーション・テストベッドとして自衛隊のインフラを活用する場合、受け入れる防衛省や自衛隊側の体制や仕組みも構築する必要があります。企業側が要望する実験やテストケースなどについて、部隊への影響や情報保全などを踏まえて対応を定めた規則やポリシーを設定する必要があり、適切なコミュニケーションチャンネルの用意などが重要になると思います。

なお、防衛技術指針2023 では、「目指す将来像を実現するための手法」として「創る」「育てる」、そして「知る」を挙げています。特に「育てる」には「我が国の科学技術・イノベーション力を育てる」ともあり、イノベーション・テストベッドも広義では関連するものと考えています。

──例えば先端技術を持つスタートアップが自衛隊などに技術を提供する場合、メリットとデメリットはどこにあるのでしょうか。

スタートアップが自衛隊に先端技術を提供する場合のメリットとしては、既に実用化している技術から新たな収益を得る機会の獲得のほかに、技術成熟度が低い技術に対する資金提供、防衛省との取引実績が信頼感につながることがあります。

一方、デメリットとしては、研究開発や市場展開において計画や資金管理の厳格さが求められ、自由度やスピードに制約が生じる可能性があります。今後の法制度整備によっては秘密特許（特許出願非公開）

に指定される恐れもあり、スタートアップ側が忌避する可能性もあります。

装備品のライフサイクルの観点では、研究開発段階と製造・運用維持段階は別々の段階として考える必要があります。研究開発が完了し、装備品を提供（量産）するとなった場合、スタートアップが直接装備品を提供するとその後の運用維持にも自社で関与する必要があり、これには相応の負担が求められる場合があります。

防衛省側としても長期間にわたる装備品の運用に対しても慎重な判断が必要となり、それに対する1つのあり方の例としては、スタートアップがプライム企業（防衛省・防衛装備庁を顧客とする主に大手企業）に対して技術のライセンスや知的財産の提供を行い、装備化やサポートはプライム企業が担当するなどの手法が考えられます。

米国ではDoDの資金提供を通じてスタートアップが成長し、重要なプライム企業になるケースもあります。限られた予算を有効活用するため、分野によっては企業間の競争によってイノベーションを促進することも必要です。そのうえで、ある程度進んだ段階で、グローバル競争を見据えた有望な企業の継続的育成も重要になってくると考えられます。

現状、プライム企業は利益率の低さなどによって厳しい事業環境に置かれていますが、2023年度から「防衛生産基盤強化法」などによる支援が並行して進められており、イノベーティブな技術の研究開発とその後の装備化、生産（量産）、運用維持までを含め、ライフサイクル全体を通じて持続性のある産業基盤構築が進むことが期待されています。

政府が重要技術9分野を指定

── 防衛分野で鍛えたデュアルユース技術が日本の国際競争力の強化につながるのが理想的ですが、どのような技術にその可能性があるとお考えですか。

有望な技術を特定するための共通要件を一言で表現するのは難しいですが、民生分野において適用範囲の広い技術、具体的にはAIを含む情報通信系の技術、エネルギー転換に関する技術、材料系の技術、製造やシミュレーションに関わる技術は防衛分野にマッチする可能性が高いと言えます。

防衛省はこれまでより積極的に技術に対するニーズを発信するようになっているので、民間企業はこれらをウオッチしておくことが重要です。

政府は2023年8月25日、関係省庁が進める民生利用目的の研究の中で、総合的な防衛体制の強化にも資する「重要技術課題」を9分野挙げ、それらを当面推進していくとしました。

防衛技術指針2023では上記以外にも素材・材料やサイバー空間、認知能力などが示されており、これらの実現は防衛分野だけでなく民生分野でも役に立つでしょう。さらに、内閣府の「統合イノベーション戦略2023」で示されたような生成AI、量子、核融合なども防衛に資する技術であり、これらの技術の成熟はデュアルユースとしても期待されます。

なお、国際競争力の強化にとどまらず、広く国力の増強という意味では、例えば以下のような技術は日本の社会課題と防衛省が抱える課題の解決に貢献するという点で、共通するものがあると考えられます。

(1) 少子・高齢化社会に対し、省力化・省人化に資する技術（無人化・自律化に資するUxV、AIを活用した技術）、(2) 災害などに対し、インフラの強靭（きょうじん）化・抗たん化に資する技術（分散エネルギー源、ネットワークの抗たん化など）。

ただし、防衛分野の技術に求められる高い性能や安全性、信頼性などの要求水準によっては、高コストになるため民生市場に誘導できないケースも想定されます。逆に、民生技術を防衛分野に応用する際にも要求水準のミスマッチが生じることがあります。

応用研究を計画する際には、両者の要求水準の差に基づいて研究課題を明確化することが重要になります。

あとがき

将来の戦争にAI（人工知能）が大きな影響を及ぼすことは、もはや疑う余地はありません。例えば、人間が介在することなくAIが自律的に判断して相手を攻撃する「自律型致死兵器システム（LAWS）」を使えば、攻撃に対する判断が早くなり、戦況を優位に進められる可能性が高くなります。しかし、いくらAIが進化してもデータを学習していない状況に出くわせば判断ミスを犯すでしょうし、人間には説明できない判断を下すこともあり得ます。既に、完全自動運転車の公道走行実験でこうしたことが明らかになっています。

LAWSの規制などに関して長らく議論されていますが、まだ結論に至っていません。例えルール化されても、それを破って使う国も出てくる可能性があります。

LAWSの使用を放置した先に待っているのは、AIを搭載した無人機同士の戦いという、まるでSF映画の世界です。こうなると戦争のやり方も、終わらせ方も今とは全く異なるものになるでしょう。なんとしても、AIの暴走だけは止めなければなりません。生成AIの急速な進化、そして末恐ろしさを感じている昨今だけに、それを痛切に思います。

防衛イノベーションの本番はこれからやってきます。筆者は台湾有事が起きないことを切に願いつつ、これからもディフェンステクノロジーの先端を追いかけていくつもりです。

本書の執筆に当たり、編集作業や全体の監修など多大な尽力をいただいた、日経エレクトロニクス編集長の中道理氏にまず感謝します。また、書籍化全般の取りまとめをしていただいた日経BP 技術プロダクトユニットクロスメディア編集部部長の中山秀夫氏、すてきな本書のデザインと制作を担当していただいた市川事務所の土井直明氏にも、お礼を申し上げます。そして、多忙な中、筆者の取材に快く応じて頂いた専門家や企業、防衛装備庁の方々、最後まで本書に目を通していただいた読者の方々にも、この場を借りて感謝の意を表します。

2023年12月吉日

内田 泰

主要参考文献

1) 日本経済新聞社政治・外交グループ編、「あなたと日本の防衛を考えたい」、日経BP 日本経済新聞出版
2) 小野圭司、「いま本気で考えるための日本の防衛問題入門」、河出書房新社
3) 防衛産業委員会、「攻撃型小型無人機・ドローン兵器及びスウォーム攻撃の動向」、日本経済団体連合会
4) 池田有紀美、「量子技術と安全保障」、東京大学先端科学技術研究センター創発戦略研究オープンラボ、ROLES REPORT_No.5、2021.3
5) 有江浩一、「量子技術の軍事への応用」、防衛研究所、ブリーフィング・メモ 2021年12月号、http://www.nids.mod.go.jp/publication/briefing/pdf/2021/202112.pdf
6) トレンドマイクロ、「ウクライナ侵攻開始から1年間のサイバー攻撃を振り返る」、2023年3月22 日、https://www.trendmicro.com/ja_jp/jp-security/23/c/securitytrend-20230322-01.html
7) CyCraft Japan、「ウクライナを狙う破壊的マルウェアとは？」、2022年6月23日、https://pr-times.jp/main/html/rd/p/000000022.000045349.html
8) 郡義弘、「「能動的サイバー防御」を考える、この言葉の指すところは何なのか？」、NECセキュリティブログ、2023年2月10日、https://jpn.nec.com/cybersecurity/blog/230210/index.html
9) 越前功、、馬場口登、笹原和俊「インフォデミック時代におけるフェイクメディア克服の最前線」、人工知能、2023年38巻2号、pp.189-196
10) 堀越功、森永輔、吉野次郎、「戦場のDX　防衛産業をアップデートせよ」、日経ビジネス、2023年7月10日号、pp.10-31
11) 森永輔、「日本、極超音速兵器を開発へ　中国・北朝鮮・ロシアの脅威に対抗」、日経ビジネス、2023年9月18日号、pp.46-51
12) 土屋丈太、「防衛省が電磁砲を実用化へ　SFが現実、ゲームチェンジャーなるか」、日経クロステック、2022年2月4日、https://xtech.nikkei.com/atcl/nxt/column/18/00001/06526/
13) 土屋丈太、「究極の情報通信、量子インターネットの正体　実現は2030年以降か」、日経クロステック、2021年5月31日、https://xtech.nikkei.com/atcl/nxt/column/18/01639/00013/
14) 戸津弘貴、「電磁パルス（EMP）攻撃の正体とは？」、日経クロステック、2017年9月27日、https://xtech.nikkei.com/dm/atcl/column/15/092500129/092600001/
15) Kari A. Bingen, Kaitlyn Johnson, Makena Young, "Space Threat Assessment 2023," CSIS, April 14, 2023
16) Commonwealth of Australia,"Army Quantum Technology Roadmap," April 2021
17) 吉武宣之、「ウクライナ侵攻におけるウクライナの軍用および市販ドローンの活用」、防衛技術ジャーナル、2023年2月号、pp.28-36
18) 粟井次雄、「衛星VDESの安全保障利用の可能性」、防衛技術ジャーナル、2023年1月号、pp.32-37
19) 渡部悦和、「最近の極超音速兵器をめぐる動向」、CISTECジャーナル、2023年1月号、pp.308-319
20) U.S. Department of Defense, "Military and Security Developments Involving the People's Republic of China 2023" https://media.defense.gov/2023/Oct/19/2003323409/-1/-1/1/2023-MILITARY-AND-SECURITY-DEVELOPMENTS-INVOLVING-THE-PEOPLES-REPUBLIC-OF-CHINA.PDF
21) 笹原和俊、「ディープフェイクの衝撃」、PHP新書

内田 泰 うちだ・やすし

日経クロステック／日経エレクトロニクス編集委員。1990年、日経BP に入社。日経マテリアル、日経パソコン、日経エレクトロニクス、日経電子版などで記者・副編集長を務める。日経クロステックは2018年2月の創刊時から担当し、現在に至る。2001〜2003年まで約2年間、米シリコンバレー支局に駐在。現在はドローンや空飛ぶ車、協働ロボット、宇宙、AI 活用、スポーツテックなど主に新規事業領域の取材・執筆に力を入れている。2020年発行のビジネスレポート「スポーツビジネスの未来2021-2030」（日経BP）の編集を担当。

無人防衛
～ディフェンステクノロジーの最前線～

2023年12月11日　第1版第1刷発行

著者　内田 泰
編集者　中道 理
発行者　森重和春
発行　株式会社日経BP
発売　株式会社日経BP マーケティング
〒105-8308　東京都港区虎ノ門4-3-12
装丁・制作　土井直明（市川事務所）
校正　佐々木三奈
印刷・製本　図書印刷株式会社

ISBN　978-4-296-20383-3